"十三五"职业教育规划教材

DIANZI JISHU SHIYAN

电子技术实验

主　编　里文淼

副主编　秦和平

编　写　焦学辉　羿宗琪

主　审　毕　华

U0309806

中国电力出版社
CHINA ELECTRIC POWER PRESS

内 容 提 要

本书为"十三五"职业教育规划教材。

全书分为 3 篇共 7 章,主要内容包括电子技术实验基本理论、电子电路元器件的识别与主要性能参数、常用电子仪器及使用、模拟电子技术实验、数字电子技术实验,Protel 99SE 基础教程,电子电路综合设计。本书在内容编排上,将验证、设计、综合性实验有机结合,以培养学生的综合实验能力;同时,将传统的原理性、验证性实验与以 Protel 99SE 为代表的 EDA 设计性实验紧密结合,将实物实验与虚拟仿真实验有机地结合,充分利用了计算机的辅助设计能力,并顺应现代电子技术发展的潮流。

本书可作为高职高专院校电力技术类专业的实验教学用书,也可作为自学者和电子技术人员的参考用书。

图书在版编目(CIP)数据

电子技术实验/里文淼主编 .—北京:中国电力出版社,2017.8(2020.1 重印)
"十三五"职业教育规划教材
ISBN 978-7-5198-1041-2

Ⅰ.①电… Ⅱ.①里… Ⅲ.①模拟电路—电子技术—实验—职业教育—教材 Ⅳ.①TN710-33

中国版本图书馆 CIP 数据核字(2017)第 190056 号

出版发行:中国电力出版社
地　　址:北京市东城区北京站西街 19 号 (邮政编码 100005)
网　　址:http://www.cepp.sgcc.com.cn
责任编辑:陈　硕(010-63412532)　罗晓莉
责任校对:王小鹏
装帧设计:赵姗杉
责任印制:吴　迪

印　　刷:北京雁林吉兆印刷有限公司
版　　次:2017 年 8 月第一版
印　　次:2020 年 1 月北京第二次印刷
开　　本:787 毫米×1092 毫米　16 开本
印　　张:10.25
字　　数:245 千字
定　　价:28.00 元

前　　言

　　为适应新时期科学技术、高等职业教育的发展及当前教学改革的需要，编者在总结多年电子技术实验教学经验的基础上，编写了本书。通过对电子技术实验这门课程的学习，学生可将电子技术基础理论与实际操作有机地联系起来，加深对所学理论知识的理解，逐步培养和提高自身的实验能力、实际操作能力、独立分析问题和解决问题的能力，以及创新思维能力和理论联系实际的能力。

　　本书实验内容丰富，且遵从循序渐进的原则。在内容编排上，将验证、设计、综合性实验有机结合，以培养学生的综合实验能力。将电路设计自动化 EDA 引入本教材。Protel 99SE 是具有强大功能的电子设计 CAD 软件，以其高度的集成性和扩展性传统的原理著称于世。它具有原理图设计、PCB 电路板设计、层次原理图设计报表制作、电路仿真以及逻辑器件设计等功能，是电路设计最有用的软件之一。同时，本书将传统的原理性、验证性实验与 EDA 设计性实验紧密结合，将实物实验与虚拟仿真实验有机地结合，充分利用了计算机的辅助设计能力，并顺应现代电子技术发展的潮流。编写过程中，注重突出教材的实用性和系统性。

　　1. 实用性。本书所介绍的几种常用电子仪器在实际生产中使用比较广泛，设计的实验项目都紧密结合电子技术课程教材，实验电路板选择浙江天煌教仪的产品，该产品市场占有率较高。所以，本书不仅适用于我院电子技术的实验教学，也可以作为其他兄弟院校的电子技术实验教材，同时，也可以作为电子技术爱好者进行电子技术实践活动的参考资料和指导教材。

　　2. 系统性。本书包含实验基础知识与实验操作两大部分。这些实验基础知识，如实验测量误差与数据处理、常用电子仪器和常用电子元器件的使用等，都是电子技术实验的基本内容，是学生必须要掌握的知识。而这些知识都是常识性的知识，不需要花费时间去讲授，为方便学生自主学习，本书用一定的篇幅来讲述，以确保学生能掌握这些知识，并在每个实验中正确应用。

　　本书由里文淼主编，秦和平担任副主编。

　　在此向本书编写过程中参考有关书籍的作者表示诚挚的谢意。但由于编者水平有限，书中若存在疏漏或不妥之处恳请使用本书的师生及读者朋友批评指正。

编者

2017 年 3 月于哈尔滨

目　　录

前言

第1篇　电子技术实验基础知识

第1章　电子技术实验基本理论 ··· 1
1.1　电子技术实验的目的与要求 ··· 1
1.2　测量误差基本知识 ··· 2
1.3　测量数据的处理 ··· 4
第2章　电子电路元器件的识别与主要性能参数 ······································· 6
2.1　电阻器 ··· 6
2.2　电容器 ··· 9
2.3　电感器 ·· 12
2.4　半导体器件 ·· 14
2.5　常用的集成电路 ·· 22
第3章　常用电子仪器及使用 ·· 28
3.1　示波器 ·· 28
3.2　信号发生器 ·· 35
3.3　交流毫伏表 ·· 38
3.4　直流稳压电源 ·· 41
3.5　万用表 ·· 43

第2篇　电子技术基础实验

第4章　模拟电子技术实验 ·· 50
4.1　常用电子仪器的使用 ·· 50
4.2　单管低频放大器 ·· 53
4.3　负反馈放大器 ·· 57
4.4　集成运算放大器的基本应用 ·· 60
4.5　集成功率放大器 ·· 62
4.6　集成运放组成的 *RC* 桥式振荡器 ·· 65
4.7　石英晶体振荡器 ·· 66
4.8　单相桥式整流滤波电路 ·· 69

   4.9 集成稳压电源的测试与调整 ……………………………………………… 71

   4.10 晶体管的测试 …………………………………………………………… 73

第5章 数字电子技术实验 …………………………………………………… 76

   5.1 基本门电路的逻辑功能 ………………………………………………… 76

   5.2 组合逻辑电路 …………………………………………………………… 78

   5.3 编码器和译码器的应用 ………………………………………………… 80

   5.4 触发器 …………………………………………………………………… 83

   5.5 计数器 …………………………………………………………………… 86

   5.6 移位寄存器 ……………………………………………………………… 90

   5.7 D/A 和 A/D 转换器 …………………………………………………… 93

第3篇　电子技术课程设计

第6章 Protel 99SE 基础教程 ……………………………………………… 98

   6.1 Protel 99SE 常用功能介绍 …………………………………………… 98

   6.2 电路原理绘制 …………………………………………………………… 109

   6.3 电路仿真 ………………………………………………………………… 121

   6.4 PCB 编辑器的运用 …………………………………………………… 125

   练习题 ……………………………………………………………………… 135

第7章 电子电路综合设计 ………………………………………………… 149

   7.1 数字电子钟设计 ………………………………………………………… 149

   7.2 直流稳压电源的设计 …………………………………………………… 153

   7.3 设计题目选编 …………………………………………………………… 155

参考文献 ……………………………………………………………………… 156

第1篇 电子技术实验基础知识

第1章 电子技术实验基本理论

本章重点介绍电子技术实验的性质、目的和一般要求，测量误差的基本知识及测量数据的一般处理方法等知识，为学生顺利完成电子技术实验项目奠定基础。

1.1 电子技术实验的目的与要求

1.1.1 电子技术实验的性质、任务与目的

电子技术实验是电子技术课程的一项重要实践环节，对于培养学生理论联系实际的学风，增强其实验能力、综合应用能力和创新意识起着十分重要的作用。

通过实验可以使学生巩固和加深理解所学的理论知识，训练实验操作技能，熟悉和掌握常用电子仪器的使用方法，学会正确使用常用电子元器件，提高实验接线、查线、分析故障、解决问题以及编写实验报告的能力；初步具备一定的科学实验能力和基本技能，培养一定的工程设计能力和创新能力，树立工程实践的观点和严谨的科学作风。

电子技术实验按性质可分为演示性实验、验证性实验、综合性实验、设计性实验、仿真实验和CPLD实验。演示性和验证性实验主要针对电子技术学科范围内理论论证和实际动手能力的培养，帮助学生认识现象，掌握基本实验知识、方法和实验技能。综合性实验侧重于某些理论知识的综合应用，其目的是培养学生综合运用所学基本理论知识分析和解决实际问题的能力。设计性实验是由学生自行设计实验方案并加以实现的实验，使学生接受科学研究的基本训练，是教学、科研相结合的一种重要形式。仿真实验和CPLD实验利用计算机软件（如EWB、Protel、MAX＋plusⅡ等）及硬件描述语言等对电子电路进行仿真、分析和设计，能够克服电路连接复杂、故障难以查找，以及实验箱长期使用导致接触不良等缺点，使学生掌握新技术、新的实验手段，从而激发学生的学习兴趣。

1.1.2 电子技术实验要求

1. 实验准备要求

（1）实验前应认真阅读实验指导书，明确实验目的、要求，了解实验内容。

（2）掌握有关电路的基本原理，拟出实验方法和步骤，掌握实验仪器的使用方法。

（3）设计出记录实验数据的表格。

（4）初步估算或分析实验结果（包括参数和波形），写出预习报告。

2. 实验操作规程

（1）实验仪器位置的合理摆放。实验时，所使用的仪器、仪表和实验电路板之间应按照信号的流向，连线简洁、调节顺手、观察与读数方便的原则进行合理布局。一般来说，信号源位于电路板的左侧，测试用的仪表置于电路板的右侧，直流稳压电源放在中间位置。

（2）电路板的连线与元器件的接插方法。连线要做到正确和整齐，不仅是为了检查、测

量方便，更重要的是可以确保电路的稳定、可靠工作。布线的一般顺序是先布电源与地线，然后再从输入到输出依次连接各元器件，尽量做到接线短、接点少。特别要注意的是，在接通电源之前，要仔细检查所有的连线，确认准确无误后才可通电。

接插元器件和导线时要非常细心。接插前，应用镊子将元器件和导线的插脚拉平直；接插时，应小心地用力插入，确保插脚与插座间的良好接触；实验结束后，应轻轻拔下元器件和导线。

（3）接线规则。仪器和实验电路板之间的接线要用颜色线加以区别，以便于检查。如电源线的正极常用红色导线，负极常用黑色导线。另外，信号的传输线应用具有金属外套的屏蔽线，不能用普通导线，而且屏蔽线的外壳要接地，否则可能引进干扰而造成测量结果的异常。

（4）仪器设备的安全使用。实验中，要爱护仪器设备，确保安全使用，不要频繁开关仪器电源，随意旋转仪器面板上的开关。使用测量仪表时，还要特别注意量程，被测信号的大小不能超过仪表量程。

3. 撰写实验报告的要求

实验报告是实验工作的总结，撰写实验报告是一种重要的基本技能素质训练。实验报告要简明扼要、字迹工整、图表清晰、数据准确，并采用统一的报告用纸。实验报告的内容应包括以下几方面：

（1）实验项目名称。

（2）实验目的。

（3）主要仪器设备及元器件。

（4）实验内容及步骤。

（5）认真整理和处理过的测试数据和波形。

（6）测试结果的理论分析和简明扼要的总结。

（7）思考题、讨论题的回答及对实验的改进建议。

1.2　测量误差基本知识

在测量过程中，由于各种原因，测量值与其客观真值之间不可避免地存在差异，即测量误差。

1.2.1　误差的来源

测量误差的来源主要有仪器误差、使用误差、人身误差、影响误差和方法误差五方面。

1. 仪器误差

仪器仪表本身引入的误差为仪器误差，如校准误差、刻度误差等。

2. 使用误差

使用误差又称操作误差，指在使用仪器过程中，因安装、调节、布置、使用不当引起的误差。

3. 人身误差

人身误差是由于人的感觉器官和运动器官的限制所造成的误差。

4. 影响误差

影响误差又称环境误差，是指由于受到温度、湿度、大气压、电磁场、机械振动、声音、光照、放射性等影响所造成的附加误差。

5. 方法误差

方法误差又称理论误差，是由于测量方法不完善、理论依据不严密而造成的误差。

1.2.2　误差的分类

测量误差按其性质可以分为系统误差、随机误差和粗大误差。

1. 系统误差

在多次等准确度测量同一量时，误差的数值保持恒定或按某种确定规律变化，这种误差为系统误差。引起系统误差的原因多为测量仪器不准确、测量方法不完善、测量条件变化及操作不正确等。实验中应根据系统误差的性质和变化规律，通过实验或分析找出其产生的原因，设法削弱或消除。

2. 随机误差

随机误差又称偶然误差。在多次等准确度测量同一量时，误差的数值发生不规则变化，这种误差为随机误差。产生随机误差的主要原因是那些对测量值影响较小又互不相关的诸多因素，如各种无规律的干扰、热骚动、电磁场变化等。尽管随机误差是不规则的，但实践证明，如果测量次数足够多，随机误差平均值的极限就会趋于零。所以，减小随机误差的最直接办法就是进行多次测量，并将测量结果取算术平均值，从而使其接近于真值。

3. 粗大误差

粗大误差是指因测量人员不正确操作或疏忽大意而造成的明显超出预计的测量误差。这种测量数据应当剔除而不应作为测量依据。但是，如果是由于被测电路工作不正常造成的粗大误差，则应做进一步的测量分析。

1.2.3　测量误差的表示方法

误差常用绝对误差、相对误差和容许误差来表示。

1. 绝对误差

如果用 X_0 表示被测量的真值，X 表示测量仪器的示值（即标称值），绝对误差 ΔX 为

$$\Delta X = X - X_0 \tag{1-1}$$

2. 相对误差

在测量不同大小的被测量值时，不能简单地用绝对误差来判断测量值的准确程度。例如，在测 100V 电压时，$\Delta X_1 = 5V$；在测 10V 电压时，$\Delta X_2 = 1V$。虽然 $\Delta X_1 > \Delta X_2$，可实际上 $\Delta X_1 = 5V$，只占被测量的 5%，而 $\Delta X_2 = 1V$，却占被测量的 10%，显然在测 10V 时，其误差对测量结果的相对影响更大。为此，在工程上通常采用相对误差来比较测量结果的准确程度。

相对误差是绝对误差与真值之比值，用百分数来表示，即

$$\gamma = \frac{\Delta X}{X_0} \times 100\% \tag{1-2}$$

3. 容许误差

容许误差（又称满度相对误差、引用误差、最大误差）是用绝对误差与仪器某量程的上限（即满度值）X_m 之比来表示的，记为

$$\gamma_{\mathrm{m}} = \frac{\Delta X}{X_{\mathrm{m}}} \times 100\% \qquad\qquad (1-3)$$

我国的电工仪表按容许误差值共分为 0.1，0.2，0.5，1.0，1.5，2.5，5 七个等级。由容许误差定义可知，若用一只满刻度为 150V 的 1.5 等级的电压表测电压，其最大绝对误差为 $150 \times (\pm 1.5\%) = \pm 2.25$（V）。

例如，用 1.5 级电压表测量一个 12V、50Hz 的交流电压，现分别选用 15V 和 150V 两个量程进行测量，结果如下：

用 150V 量程时，测量产生的最大绝对误差为

$$150 \times (\pm 1.5\%) = \pm 2.25(\mathrm{V})$$

用 15V 量程时，测量产生的最大绝对误差为

$$15 \times (\pm 1.5\%) = \pm 0.225(\mathrm{V})$$

显然，用 15V 量程测量 12V 电压，绝对误差小很多。因此，为减小测量误差，提高测量准确度，应使被测量示值出现在接近满刻度区域，至少应在满刻度值的 2/3 以上。

1.3　测量数据的处理

1.3.1　有效数字的处理

在记录和计算测量数据时，要掌握有效数字的正确取舍。不能认为一个数据中小数点后面位数越多这个数据越准确，也不能认为计算测量结果时保留的位数越多准确度就越高。

1. 有效数字的概念

一个数据从左边第一个非零数字起至右边欠准确数字的一位为止，其间的所有数码均为有效数字。例如，测得的频率为 0.0538MHz，它是由 5，3，8 三个有效数字表示的，其左边的两个零不是有效数字，但可通过单位变换，将这个数字写成 53.8kHz；其末位数字"8"，通常是在测量中估计出来的，因此称为欠准确数字，其左边的有效数字为准确数字。

2. 有效数字的正确表示

（1）有效数字中，只应保留一位欠准确数字。因此在记录测量数据中，只有最后一位有效数字是欠准确数字。

（2）欠准确数字中，要特别注意"0"的情况。例如，测量某电阻的数值为 136.0kΩ，这表明前面三位数 1、3、6 是准确数字，最后一位数 0 是欠准确数字；如果改写成 136kΩ，则表明前面两位数 1、3 是准确数字，最后一位数 6 是欠准确数字。这两种写法尽管表示同一个数值，但实际上却反映了不同的测量准确度。

（3）如果用 10 的幂来表示一个数据，10 的幂前面的数字都是有效数字。例如，13.60×10^{3}kΩ，表明该电阻的有效数字为 4 位。

（4）π、$\sqrt{2}$ 等常数具有无限位数的有效数字，在运算时可根据需要取适当的位数。

（5）对于计量测定或通过计算所得数据，在所规定的准确度范围以外的那些数字，一般都应按"四舍五入"的规则处理。对于"5"的处理是：当被舍的数字等于 5，若 5 后还有数字，则可舍 5 进 1；若 5 之后为 0，只有在 5 之前数字为奇数时，才能舍 5 进 1；若 5 之前为偶数（含零），则舍 5 不进位。

3. 有效数字的运算规则

在进行计算时，有效数字保留过多无意义，且运算复杂容易出错，影响实验的测量准确

度，所以有效数字的运算必须符合一定的规则。

（1）有效数字的加减运算。对于整数进行加减运算时和普通加法一样；对于小数运算，应以小数点后位数最少的数作为标准，先将其他数据进行处理，然后再进行运算。例如，求 0.43V 与 0.3565V 之和，0.43 作为标准数，则按上述规则 0.3565 →0.36，0.43＋0.36＝0.79（V）。

（2）有效数字的乘、除运算。运算前，对各数据的处理应以有效数字位数最少的为标准，所得积或商的有效数字的位数应与此相同。

（3）有效数字的乘方、开方运算。运算结果的有效数字位数应比原数据多保留一位。

1.3.2　测量数据的曲线处理

在电子测量中，有时测量的目的并不只是单纯地要求获得某个或某几个量的值，而是在于求出某几个量间的函数关系或变化规律。此时，用曲线比用数字、公式表示常常更形象、更直观。

1. 画曲线注意事项

（1）为了避免出差错，首先应将实验数据列表备查。

（2）选择合适的坐标系。常用的坐标系有直角坐标、极坐标等。

（3）横、纵坐标的比例不一定一致，也不一定从坐标原点（零值点）开始。坐标比例尺的选择，应以便于读数、分析和使用为原则。

（4）当自变量变化范围很宽时，一般可以采用对数坐标以压缩图幅。

（5）注意测量点（实验数据）多少的选择。为了便于画曲线，应使各数据点大体沿所作曲线两侧均匀分布；而沿横坐标轴或沿纵坐标轴的分布则不一定是均匀的；另外，在曲线急剧变化的地方，测量点应适当选得密一些，以便能更好地显示出曲线的细节。

2. 曲线的处理

如果直接把所有的数据点连接起来，一般得不到一条光滑的曲线，而是一条随机跳动的曲线。利用误差理论，可以使其成为一条光滑、均匀的曲线，这个过程称为曲线的修正。常采用一种简便、可行的工程方法——分组平均法。

分组平均法是将测量数据点按横坐标分成若干组，每组包含 2～4 个数据点（点数可以相等，也可以不相等），求出每组几何重心的坐标值，再将这些坐标点连起来即做出曲线。这条曲线由于进行了数据平均，在一定程度上减少了测量误差的影响，使作图更方便和准确。

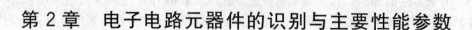

第2章 电子电路元器件的识别与主要性能参数

2.1 电 阻 器

2.1.1 电阻器的分类

从结构上可将电阻器分为固定电阻器、可变电阻器（电位器）和敏感电阻器三大类。其符号如图2-1所示。

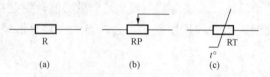

图2-1 电阻器的符号

(a) 固定电阻器；(b) 电位器；(c) 热敏电阻器

1. 固定电阻器

（1）碳膜电阻。它的稳定性好，阻值范围宽（几十欧至几十兆欧），负温度系数，高频特性好，受电压和频率影响小，噪声小，制作成本低，价格便宜，在精度要求不高的电路中得到广泛的使用。

（2）金属膜电阻器。它的表面被涂成红色或棕色。金属膜电阻器比碳膜电阻器的精度更高，稳定性更好，阻值范围更大；最明显的是，耐热性超过碳膜电阻器，且体积更小。它的工作频率范围大，噪声小，但制造成本高，价格较贵，主要应用于高档的家用电器中。

（3）金属氧化膜电阻器。它与金属膜电阻器相比，具有阻燃，导电膜层均匀，膜与骨架基体结合牢固，抗氧化能力强，抗酸、抗盐能力强，耐热性好等优点；缺点是阻值范围小（通常在 $200M\Omega$ 以下），主要用来补缺低阻值电阻。

（4）线绕电阻器。它是用金属电阻丝烧制在陶瓷或其他绝缘材料的骨架上，表面涂以保护漆或玻璃釉膜制作而成。其优点是阻值精确、功率范围大、稳定性高、噪声小、耐热性能好，主要用于精密和大功率场合。其缺点是体积大、高频性能差。

2. 可变电阻器（电位器）

可变电阻器也称电位器，是在一定范围内阻值连续可变的一种电阻器。下面介绍几种常用的电位器。

（1）线绕电位器。它是利用电阻合金丝在绝缘骨架上绕制而成的，可做成单圈、多圈、多连等结构。线绕电位器的精度易于控制，温度系数小，噪声低，但由于有线圈结构，电感大，高频特性不好。

（2）合成碳膜电位器。它的阻值分辨率高，阻值变化连续，阻值范围宽，但精度较差，耐温、耐潮性能差，使用寿命短。

（3）有机实芯电位器。它的结构简单，体积小，寿命长，可靠性高；缺点是噪声大。

（4）多圈电位器。它的阻值调整准确度高，最大可达40圈。

3. 敏感电阻器

（1）热敏电阻器。它是用对热度极为敏感的半导体材料制成的，它的阻值随温度的变化有比较明显的改变。它因具有灵敏度高，精度高，制造工艺简单，成本低，体积小等特点，而得以广泛地被应用。热敏电阻器按温度特性分类，有随温度升高电阻值增大（即正温度系数 PTC）和随温度升高电阻值减小（即负温度系数 NTC）两种。

（2）压敏电阻器（简称 VSR）。它是一种对电压敏感的非线性过电压保护半导体元件。当压敏电阻器承受的电压在其标称额定电压值以内时，它的电阻值几乎是无穷大；当它所受电压超过额定电压时，其电阻值急剧变小，并立即处于导通状态。

（3）光敏电阻器。它的电阻值能随着外界光照的强弱变化而变化，广泛应用于各种自动控制电路、家用电器及各种测量仪器中。

2.1.2　电阻器的主要特性参数

1. 电阻器额定功率

额定功率指在标准大气压和规定的环境温度下，电阻长期连续负荷而不改变其性能的允许功率。对于同一类电阻器，额定功率的大小取决于它的几何尺寸和表面面积，额定功率越大，电阻器的体积越大。选用时应留有余地，一般选择电阻器时，其额定功率应比实际功率大 1～2 倍。

额定功率分 19 个等级，一般电子电路中多采用 1/8，1/4，1/2W 的电阻器，少数大电流场合采用 1、2、5W，甚至更大功率的电阻器。

2. 电阻器的标称值和允许误差

标志在电阻器上的电阻值称为标称值。电阻的实际值与标称值之间存在一定的差别，这个差别称为电阻的允许误差。电阻器标称值系列如表 2－1 所示。

表 2－1　　　　　　　　　　　　　**电阻器标称值系列**

系　列	允许误差（%）	电阻标称值系列
E24	±5	1.0，1.1，1.2，1.3，1.5，1.6，1.8，2.0，2.2，2.4，2.7，3.0，3.3，3.9，4.3，4.7，5.1，5.6，6.2，6.8，7.5，8.2，9.1
E12	±10	1.0，1.2，1.5，1.8，2.2，2.7，3.3，3.9，4.7，5.6，6.8，8.2
E6	±20	1.0，1.5，2.2，3.3，4.7，6.8

任何固定电阻器的标称阻值都应该符合表 2－1 中的标称值系列或标称值系列乘以 10^n，其中 n 为正整数或负整数。例如，表中 1.8 包括 0.18Ω、1.8Ω、18Ω、180Ω、$1.8k\Omega$、$18k\Omega$、$180k\Omega$、$1.8M\Omega$ 等阻值。

3. 极限工作电压

极限工作电压指电阻器的最大安全工作电压，当电压达到一定数值后，电阻器将会因过热而损坏或失效。

2.1.3　电阻器型号的命名方法

电阻器型号的命名包括四个部分，如表 2－2 所示。

表 2－2　　　　　　　　　　　　　**电阻器型号的命名法**

第一部分		第二部分		第三部分		第四部分
用字母表示主称		用字母表示材料		用字母或数字表示分类		用数字表示
符号	意义	符号	意义	符号	意义	
R	电阻器	T	碳膜	1	普通	包括：
W	电位器	P	硼碳膜	2	普通	序号
		U	硅碳膜	3	超高频	额定功率

第一部分		第二部分		第三部分		第四部分
用字母表示主称		用字母表示材料		用字母或数字表示分类		用数字表示
符号	意义	符号	意义	符号	意义	
		H	合成膜	4	高阻	阻值
		I	玻璃釉膜	5	高温	允许误差
		J	金属膜	7	精密	精度等级
		Y	氧化膜	8	高压	
		S	有机实芯	9	特殊	
		N	无机实芯	G	高功率	
		X	绕线	T	可调	
		R	热敏	X	小型	
		G	光敏	L	测量用	
		M	压敏	W	微调	
				D	多圈	

2.1.4 电阻器的参数标注方法

1. 直标法

直标法是指将电阻器主要参数直接印注在电阻器表面。采用直标法的电阻器，其电阻值用阿拉伯数字、允许误差用百分数直接标注在电阻器的表面。若电阻上未标注误差，则均为±20%。额定功率较大的电阻器也将额定功率直接标注在电阻器上。

2. 文字符号法

文字符号法是将数字和符号有规律组合在一起直接印注在电阻器表面。通常，阻值的整数部分写在阻值单位标志符号的前面，阻值的小数部分写在阻值单位标志符号的后面。阻值单位标志符号 R、K、M、G 分别表示 1、10^3、10^6、$10^9\Omega$。

例如，4R8 表示电阻器的电阻值为 4.8Ω，3K3 表示电阻器的电阻值为 3.3kΩ。

3. 色标法

小功率电阻器使用最广泛的是色标法。色标法是用色环、色点、色带在电阻器表面标出标称阻值和允许误差。色标法有四环和五环两种。普通电阻器大多用四个色环表示其阻值和允许误差，第一、第二环表示有效数字，第三环表示倍率，第四环表示准确度。精密电阻器采用五个色环表示其阻值和允许误差，第一、第二、第三环表示有效数字，第四环表示倍率，第五环表示准确度。电阻器色标标注的基本颜色的定义如表 2-3 所示。

表 2-3　　　　　　　　　　　电阻器色标标注的基本颜色的定义

色标	棕	红	橙	黄	绿	蓝	紫	灰	白	黑	金	银
有效数字	1	2	3	4	5	6	7	8	9	0		
倍数	10^1	10^2	10^3	10^4	10^5	10^6	10^7	10^8	10^9	10^0	10^{-1}	10^{-2}
允许误差（%）	±1	±2			±0.5	±0.25	±0.1				±5	±10

例如，棕灰棕金四环标注的电阻器，其阻值大小为 180Ω；黄橙黑红棕五环标注的电阻器，其阻值大小为 43kΩ。

2.1.5　电阻器的简单检测

测量电阻的方法很多，可用欧姆表、电阻电桥和万用表的欧姆挡来直接测量；也可以先通过测量流过电阻的电流 I 及电阻上的压降 U，然后根据欧姆定律 $R=\dfrac{U}{I}$，来间接测量电阻值。下面介绍用万用表测量电阻的步骤：

（1）首先将万用表的功能选择开关置 Ω 挡，量程波段开关置于适当的挡位。

（2）将两表笔短接，表头指针应在刻度线的零点位置；若不在零点，则要用万用表的调零旋钮调到零点位置。

（3）两表笔分别接被测电阻器的两端，表头指针即指示出电阻值。测量时注意不要用双手触及电阻器的引线两端，以免将人体电阻并联至被测电阻器，影响测量的准确性。

2.1.6　电阻器的选用常识

（1）应根据电子设备的技术指标对电阻的要求选用电阻器。对性能要求不高的电子线路（如收音机、普通电视机等），可选用碳膜电阻器；对整机质量和工作稳定性、可靠性要求较高的电路，可选用金属膜电阻器；对仪器、仪表电路，应选用精密电阻器或线绕电阻器，但在高频电路中不能选用线绕电阻器。

（2）为提高设备可靠性，延长使用寿命，应选用额定功率大于实际消耗功率 $1.5\sim2$ 倍的电阻器。另外，根据电路需要，可以采用串联和并联的方法获得所需要的电阻。阻值相同的电阻器串联和并联时，额定功率等于各个电阻器额定功率之和；阻值不同的电阻器串联时，额定功率主要取决于高阻值的电阻器；阻值不同的电阻器并联时，额定功率主要取决于低阻值的电阻器。实际应用前必须要经过计算。

（3）电阻器的代用原则。大功率电阻器可代换小功率电阻器（用于保险的电阻器除外），金属膜电阻器可代换碳膜电阻器。

2.2　电　　容　　器

2.2.1　电容器的分类

电容器具有通交流和隔直流的能力，是电子电路中的重要元件。电容器按其极性可分为有极性电容器和无极性电容器；按结构可分为固定电容、可变电容和微调电容器；按材料介质可分为气体介质电容、电解电容器、液体介质电容、有机介质电容器、无机介质电容器等。其主要图形符号如图 2-2 所示。

电容器的种类繁多，下面介绍几种常用的电容器。

1. 电解电容器

（1）铝电解电容器。它是由铝圆筒作负极，里面装有液体电解质，插入一片弯曲的铝带作正极制成的。它还需要经过直流电压处理，使正极片上形成一层氧化膜作介质。它的特点是容量大，但是漏电大、误差大、稳定性差，常用作交流旁路和滤波，在要求不高时也用于信号耦合。电解电容有正、负极之分，使用时不能接反。

（2）钽、铌电解电容器。它用金属钽或铌作正极，用稀硫酸等配液作负极，用钽或铌表面生成的氧化膜作介质制成。

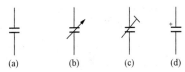

图 2-2　电容器的主要图形符号

(a) 一般固定电容器；(b) 可变电容器；
(c) 微调电容器；(d) 极性电容器

它的温度特性、频率特性、介质损耗特性都优于普通铝电解电容器。它的特点是体积小、容量大、性能稳定、寿命长、绝缘电阻大、温度特性好，但成本高，用在要求较高的设备中。

2. 有机介质电容器

（1）纸介电容器。它用两片金属箔作电极，夹在极薄的电容纸中卷成圆柱形，或者屑壳或者绝缘材料（如火漆、陶瓷、玻璃釉等）壳中制成。它的特点是电容量和工作电压范围很宽、工艺简单、成本低，但电容量准确度不易控制、体积大、介质损耗大、稳定性不高，适合用于低频电路中。

（2）有机薄膜电容器。有机薄膜只是一个统称，包括涤纶、聚丙烯、聚四氟乙烯、聚碳酸酯薄膜等多种类型。有机薄膜电容器一般不耐高温，具有体积小、自愈性好的特点。所谓自愈性，指的是由于某种原因介质被电压放电击穿，电容器短路使薄膜重新融化，能自动修复损伤。

3. 无机介质电容器

（1）瓷介电容器。它以陶瓷为介质，结构简单，价格低廉，体积小，容量范围大，广泛用于各种电子设备中。

（2）玻璃膜电容器。它以玻璃作为介质，成本低，具有良好的防潮性和抗振性，能在200℃高温下长期稳定工作。

2.2.2 电容器的主要性能指标

1. 标称容量及允许误差

电容器的标称容量及允许误差的基本含义与电阻器一样，电容器的标称系列同电阻器标称系列。固定式电容器标称电容量系列为 E24、E12；电解电容器标称电容量系列为 E6（单位为 pF）。固定电容器的允许误差分为 8 级。

2. 额定电压

额定电压也称电容器的耐压值，是指电容器在规定的温度范围内，能够连续正常工作时所承受的最高电压。该额定电压通常标注在电容器上。常用固定电容器的直流工作电压系列为 6.3，10，16，25，40，63，100，250V 和 400V。

3. 漏电流

电容器的介质材料不是绝对绝缘体，它在一定的工作温度及电压条件下，也会有电流通过，此电流称为漏电流。一般电解电容器的漏电流略大一些。

4. 绝缘电阻

电容器两极之间的电阻称为绝缘电阻，或者称漏电阻。一般电容器的绝缘电阻在 $10^8 \sim 10^{10} \Omega$，电容量越大，绝缘电阻越小。

2.2.3 电容器型号的命名方法

国产电容器型号的命名由四部分组成，具体命名方法如表 2-4 所示。

表 2-4 　　　　　　　　　　　　国产电容器型号的命名方法

第一部分		第二部分		第三部分		第四部分
用字母表示主称		用字母表示材料		用字母表示特征		用字母或数字表示序号
符号	意义	符号	意义	符号	意义	
C	电容器	C	瓷介	T	铁电	包括：
		I	玻璃釉	W	微调	品种
		O	玻璃膜	J	金属化	尺寸代号

续表

第一部分		第二部分		第三部分		第四部分
用字母表示主称		用字母表示材料		用字母表示特征		用字母或数字
符号	意义	符号	意义	符号	意义	表示序号
		Y	云母	X	小型	温度特性
		V	云母纸	S	独石	直流工作电压
		Z	纸介	D	低压	标称值
		J	金属化纸	M	密封	允许误差
		B	聚苯乙烯	Y	高压	标准代号
		F	聚四氟乙烯	C	穿心式	
		L	涤纶			
		S	聚碳酸酯			
		Q	漆膜			
		H	纸膜复合			
		D	铝电解			
		A	钽电解			
		G	金属电解			
		N	铌电解			
		T	钛电解			
		M	亚敏			
		G	其他材料电解			

2.2.4　电容器的参数标注方法

1. 直标法

直标法是把电容器的型号、规格等用阿拉伯数字和单位符号直接标注。

2. 数码法

数码法用数值与倍率的乘积表示电容量。一般是用 3 位数字表示电容器的容量，其中前两位数字为有效值数字，第三位数字为倍乘数（即前面两位数字再乘以 10 的 n 次幂），默认单位为 pF。例如：103 表示 $10 \times 10^3 = 10000$（pF）。第三位数字为 9 时是特例，有效数字应乘以 10^{-1} 来表示电容器的标称容量，如 229 表示 22×10^{-1} pF。

3. 文字符号法

文字符号法是将容量整数部分标注在容量单位的前面，容量小数部分标注在容量单位的后面，容量单位符号所占位置就是小数点的位置。如 4p7 表示容量为 4.7pF。若在数字前标注有 R 字样，则容量为零点几微法，如 R47 表示容量为 $0.47\mu\text{F}$。

4. 色标法

电容器的色标法原则上与电阻器色标法类似，其单位为 pF。

2.2.5　电解电容器的检测

1. 判断电解电容器的正、负极

可根据电解电容器引线的长短来判定其极性，长引线为正极，短引线为负极，且有"—"的标识。也可用万用表检测判断：将万用表欧姆挡置于 $R \times 1\text{k}\Omega$，用红、黑表笔接触电容器的两引线，记住漏电阻的大小（指针回摆并停下时所示的阻值），然后把该电容器的正、负引线短接一下，将红、黑表笔对调后再测漏电阻，根据漏电阻大的一次判断，则与黑表笔相接的引线为电容器的正极。

2. 判断电解电容器质量的优劣

将万用表欧姆挡置于 $R×1\text{k}\Omega$ 或 $R×100\Omega$ 挡，将黑表笔接电容的正极，将红表笔接电容的负极，若表针摆动大，且返回慢，返回位置接近无穷，说明该电容器正常，且电容量大；若表针摆动大，但返回时指针显示的欧姆值小，说明该电容漏电流大；若表针摆动大，且不返回，说明该电容已击穿；若表针不摆动，说明该电容已开路、失效。

2.2.6　电容器的选用常识

（1）根据电路要求选择合适类型的电容器。例如，谐振回路中需要介质损耗小的电容器，应选用高频陶瓷电容器；隔直、耦合电容器可选用纸介、涤纶、电解电容器。

（2）一般应选用耐压值为实际工作电压 2 倍以上的电容器。

（3）当现有电容器与电路要求的容量或耐压不合适时，可以采用串联或并联的方法予以适应。两个工作电压不同的电容器并联时，耐压值取决于耐压值低的电容器；两个容量不同的电容器串联时，容量小的电容器所承受的电压高于容量大的电容器。

2.3　电　感　器

2.3.1　电感器的分类

电感器的种类很多，而且分类标准也不一样，通常按电感量变化情况可分为固定电感器、可变电感器、微调电感器等；按电感器线圈芯性质可分为空芯电感器、磁芯电感器、铜芯电感器等；按绕制特点可分为单层电感器、多层电感器、蜂房电感器等。其主要图形符号如图 2-3 所示。

(a)　　　　　(b)　　　　　(c)　　　　　(d)　　　　　(e)

图 2-3　电感器的主要图形符号

(a) 电感器；(b) 带磁芯、铁芯的电感器；(c) 磁芯有间隙电感器；

(d) 带磁芯连续可调电感器；(e) 有抽头电感器

1. 小型固定电感器

小型固定电感器通常称为色码电感器，是先用漆包线直接绕在磁性材料骨架上，然后再用环氧树脂或塑料封装起来制成的。它有密封式和非密封式两种封装形式，两种形式又都有立式和卧式两种外形结构。

小型固定电感器具有体积小、质量轻、结构牢固、安装方便等特点，目前已被广泛应用于滤波、振荡、扼流、延迟等电路中。

2. 可变电感器

可变电感器的电感值可平滑、均匀改变，一般采用三种方法：①在线圈中插入磁芯或铜芯，通过改变它们的位置来调节线圈的电感量；②在线圈上安装一滑动的触点，通过改变触点的位置来改变线圈的电感量；③将两个线圈串联，然后通过均匀改变两线圈的相对位置达到互感量的变化，而使线圈的电感量随之变化。

2.3.2 电感器的主要参数

1. 电感

电感也称自感系数，是表示电感器产生自感能力的一个物理量，用字母 L 表示。电感的大小与线圈的圈数、形状、尺寸和线圈中有无磁芯以及磁芯材料的性质有关。一般来说，线圈的直径越大，绕制的圈数越多，则电感越大；有磁芯比无磁芯的电感要大得多；磁芯磁导率越大的线圈，电感也越大。

2. 品质因数

品质因数也称 Q 值，在电子技术中，常用 Q 值来评价电感器的质量。品质因数 Q 在数值上等于其线圈在某一频率的交流电压下工作时，线圈所呈现的感抗与线圈的直流电阻的比值，即

$$Q = \frac{2\pi f L}{R} = \frac{\omega L}{R}$$

式中，L 为电感；f 为频率；R 为线圈电阻值；ω 为角频率。

线圈的 Q 值越大，表示其线圈的功率损耗越小，效率越高，选择性越好。

3. 额定电流

额定电流是指电感器正常工作时，允许通过的最大电流。若工作电流大于额定电流，电感器会因发热而改变性能参数，严重时会烧毁。

4. 允许误差

允许误差是指电感器上标称的电感与实际电感的允许误差值。一般用于振荡或滤波等电路中的电感器，准确度要求较高，允许误差为 $\pm 0.2\% \sim \pm 0.5\%$；而用于耦合、高频阻流等线圈的电感器，准确度要求不高，允许误差为 $\pm 10\% \sim \pm 15\%$。

2.3.3 电感器的参数标注方法

1. 色标法

电感器的色标法与电阻器的色标法相似，色码一般有四种颜色，前两种颜色为有效数字，第三种颜色为倍率，单位为 μH，第四种颜色是误差位。如某一电感器的色环标志依次为棕、红、红、银，则表示其电感为 $12 \times 10^2 \mu H$，允许误差为 $\pm 10\%$。

2. 直标法

直标法是指在小型固定电感器的外壳上直接用文字标注电感器的主要参数，如电感、误差值、额定电流等。其中，额定电流有 50，150，300，700，$1600 \mu A$ 五挡，分别用字母 A，B，C，D，E 表示。

2.3.4 电感器的简单检测方法

使用指针式万用表能大致测量电感器的好坏。用指针式万用表的 $R \times 1\Omega$ 挡测量电感器的阻值，若电阻值极小（一般为零点几欧到几欧），则说明电感器基本正常；若电阻为 ∞，则说明电感器已经开路、损坏。对于具有金属外壳的电感器（如中周），若检测得振荡线圈的外壳（屏蔽罩）与各引脚之间的阻值不是 ∞，而是有一定阻值或为零，则说明该电感器存在问题。

2.3.5 电感器的选用常识

（1）在选电感器时，首先应明确其使用频率范围。铁芯电感器只能用于低频；一般铁氧体电感器、空心电感器可用于高频。其次要弄清电感器的电感。

（2）电感器本身是磁感应元件，对周围的电感性元件有影响。安装时一定要注意电感器之间的相互位置，一般应使相互靠近的电感器相互垂直。

2.4　半导体器件

2.4.1　半导体器件的命名方法

1. 国产半导体器件的命名

国产半导体器件的型号命名方法如表2-5所示。

表2-5　　　　　　　　国产半导体器件的型号命名法

第一部分		第二部分		第三部分				第四部分	第五部分
用数字表述电极数目		用汉语拼音字母表示材料和极性		用汉语拼音字母表示类型				用汉语拼音字母表示序号	用汉语拼音字母表示规格号
符号	意义	符号	意义	符号	意义	符号	意义		
2	二极管	A	N型，锗材料	P	普通管	A	高频大功率管		
		B	P型，锗材料	V	微波管				
		C	N型，硅材料	W	稳压管	T	半导体闸流管		
		D	P型，硅材料	C	参量管				
3	三极管	A	PNP型锗材料	Z	整流管	Y	体效应器件		
				L	整流堆	B	雪崩管		
		B	NPN型锗材料	S	隧道管	J	阶跃恢复管		
				N	阻尼管	CS	场效应器件		
		C	PNP型硅材料	U	光电器件	BT	半导体特殊器件		
				K	开关管				
		D	NPN型硅材料	X	低频小功率管	FH	复合管		
						PIN	PIN型管		
		E	化合物材料	G	高频小功率管	JG	激光器件		
				D	低频大功率管				

例如，3AX31为锗材料PNP型小功率三极管，3DG6为硅材料NPN型高频三极管，2AP9为普通N型锗材料二极管。

场效应管、半导体特殊器件、复合管、PIN型管和激光器件等型号的组成只有第三、第四、第五部分。

2. 日本半导体器件的命名

日本半导体器件的型号由五至七部分组成，通常只用到前五部分，第六、第七部分的符号及含义由各公司自行规定。其各部分的符号意义如下：

第一部分：用数字表示有效电极数目或类型。数字1表示二极管；数字2表示三极或具有两个 PN 结的其他器件，数字 3 表示具有四个有效电极或具有三个 PN 结的其他器件，依次类推。

第二部分：日本电子工业协会 JEIA 注册标志。字母 S 表示已在日本电子工业协会 JE-IA 注册登记的半导体分立器件。

第三部分：用字母表示使用材料极性和类型。A 表示 PNP 型高频管；B 表示 PNP 型低频管；C 表示 NPN 型高频管；D 表示 NPN 型低频管；F 表示 P 控制极可控硅；G 表示 N 控制极可控硅；H 表示 N 基极单结晶体管；J 表示 P 沟道场效应管；K 表示 N 沟道场效应管；M 表示双向可控硅。

第四部分：用数字表示在日本电子工业协会 JEIA 登记的顺序号。用两位以上的整数，从"11"开始，表示在日本电子工业协会 JEIA 登记的顺序号；不同公司的性能相同的器件可以使用同一顺序号；数字越大，越是近期产品。

第五部分：用字母表示同一型号的改进型产品标志。A，B，C，D，E，F 表示这一器件是原型号产品的改进产品。

3. 美国半导体器件的命名

美国晶体管或其他半导体器件的命名法较混乱。美国电子工业协会半导体分立器件命名方法如下：

第一部分：用符号表示器件用途的类型。JAN 表示军级；JANTX 表示特军级；JA-NTXV 表示超特军级；JANS 表示宇航级；（无）表示非军用品。

第二部分：用数字表示 PN 结数目。数字 1 表示二极管；数字 2 表示三极管；数字 3 表示三个 PN 结器件。

第三部分：美国电子工业协会（EIA）注册标志。N 表示该器件已在美国电子工业协会（EIA）注册登记。

第四部分：美国电子工业协会登记顺序号。多位数字表示该器件在美国电子工业协会登记的顺序号。

第五部分：用字母表示器件分挡。A，B，C，D 表示同一型号器件的不同挡别。

美国型号比日本型号简单，型号中不能反映出管子的硅、锗材料，PNP、NPN 类型，高、低频管等特性，需要查阅相关手册。

2.4.2 二极管

1. 二极管的分类

二极管具有单向导电性，其结构简单，种类很多。其按制作材料不同分为硅二极管和锗二极管（可简称硅管和锗管）；按结构可分为点接触型、面接触型和平面型二极管；按用途可分为普通二极管、发光二极管、变容二极管、光电二极管、稳压二极管等。常用二极管的图形符号如图 2-4 所示，图（a）为一般二极管的符号，箭头所指的方向就是电流流动的方向；图 2-4（b）为稳压二极管符号；图 2-4（c）为变容二极管符号，旁边的电容器符号表示它的结电容是随着二极管两端的电压变化的；图 2-4（d）为发光二极管符号，用两个斜向放射的箭头表示它能发光。二极管的文字符号用"VD"表示（也可用"D"来表示）。

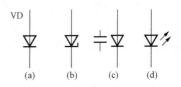

图 2-4　常用二极管的
图形符号

(a) 一般二极管；(b) 稳压二极管；

(c) 变容二极管；(d) 发光二极管

2. 二极管的参数

(1) 最大整流电流 I_{Fmax}，指二极管长期工作时，允许通过二极管的最大正向平均电流。使用时，应使通过二极管的正向平均电流小于它，否则，二极管将过热而烧毁。

(2) 最高反向工作电压 U_{Rmax}，指二极管工作时允许施加的最高反向电压。使用时，如果超过此值，二极管可能被击穿。为了安全起见，U_{Rmax} 为反向击穿电压 U_{BR} 的 $\frac{1}{2}$ 或 $\frac{2}{3}$。

(3) 反向电流 I_R，指在室温下，二极管加反向电压而未击穿时流过它的电流。

(4) 最高工作频率 f_M。二极管的工作频率若超过一定值，就可能失去单向导电性，这一频率称为最高工作频率。点接触型二极管的 f_M 值较高，可达几百兆赫，面接触型二极管的 f_M 值只能达到几十兆赫。

3. 几种特殊的二极管

(1) 发光二极管。发光二极管具有单向导电性，正向导通时能发光，能够发出红色、绿色和黄色光等，是一种能够将电信号转换成光信号的半导体器件。其具有工作电压低、耗电少、体积小、寿命长等特点。其外形有直径为 3mm 或 5mm 圆形的，也有规格为 2mm×5mm 长方形的。

(2) 光敏二极管。光敏二极管又称光电二极管，是在反向偏置状态下运行的。管壳上的玻璃窗口能接受光照。在无光照射时，其反向电阻很大，此时的反向饱和电流很小，称之为暗电流；在有光照时，其反向电阻很小，反向电流将随光照强度的增加而线性增加，这时的反向电流称为光电流。可见，光的变化能引起光敏二极管的电流变化，所以，可以利用光敏二极管将光信号转换成电信号。

(3) 稳压二极管。稳压二极管是一种特殊工艺制成的半导体二极管，当反向电压加到某一定值时，反向电流急增，稳压二极管进入击穿区。在击穿区内，电流有很大变化，而电压只有很小的变化。因此，稳压二极管具有较好的稳压功能。

4. 半导体二极管的检测

(1) 半导体二极管的极性判别。一般情况下，二极管外壳上印有符号标记的，箭头所指方向为二极管的负极；如果是透明玻璃壳二极管，可直接看出极性，即内部连触丝的一头是正极，连半导体片的一头是负极；塑封二极管有圆环标志的一端是负极；发光二极管较长引线端为正极，较短引线端为负极；金属封装稳压二极管管体的正极一端为平面形，负极一端为半圆面形。

对于没有标记的二极管，则可用万用表电阻挡来判别正、负极。根据二极管正向电阻小、反向电阻大的特点，将万用表拨到电阻挡（一般用 $R×100Ω$ 或 $R×1kΩ$。不要用 $R×1Ω$ 或 $R×10kΩ$ 挡，因为 $R×1Ω$ 挡使用的电流太大，容易烧坏管子，而 $R×10kΩ$ 挡使用的电压太高，可能击穿管子）。用红、黑表笔分别与二极管的两极相接，测出一个阻值，交换表笔，再测量一次。所测得阻值较小时，与黑表笔相接的一端为二极管的正极。同理，测得阻值较大时，与黑表笔相接的一端为二极管的负极。

(2) 半导体二极管的好坏。用万用表测得的正、反向电阻差值越大越好。如果测得的正、反向电阻均很小，说明管子内部短路；若测得的正、反向电阻均很大，则说明管子内部开路。在这两种情况下，管子不能使用。

5. 半导体二极管的选用

(1) 点接触二极管的工作频率高，不能承受较高的电压和通过较大的电流，多用于检波、小电流整流或高频开关电路。面接触二极管的工作电流和能承受的功率都较大，但适用的频率较低，多用于整流、稳压、低频开关电路等。

（2）选用整流二极管时，既要考虑正向电压，也要考虑反向饱和电流和最大反向电压。选用检波二极管时，要求工作频率高、正向电阻小，以保证较高的工作效率；特性曲线要好，避免引起过大的失真。

2.4.3　半导体三极管

1. 半导体三极管的分类

半导体三极管的种类很多，按结构可分为 NPN 管和 PNP 管；按功率大小可分为大功率、中功率及小功率三极管；按封装形式可分为金属封装和塑料封装三极管；按工作频率可分为高频三极管和低频三极管。

2. 半导体三极管的参数

（1）电流放大系数。共射交流电流放大系数 $\beta = \Delta I_C / \Delta I_B$，是表征三极管放大能力的重要指标。直流放大系数 $\overline{\beta} = I_C / I_B$。尽管 $\overline{\beta}$ 与 β 不同，但在小信号下，$\overline{\beta} = \beta$，工程上常取两者相同而混用。

国产三极管通常采用色标来表示 β 值的大小。部分三极管色标对应的 β 值如表 2 - 6 所示。

表 2 - 6　　　　　　　　　　　部分三极管色标对应的 β 值

色标	棕	红	橙	黄	绿	蓝	紫	灰	白	黑
β	0～15	15～25	25～40	40～55	55～80	80～120	120～180	180～270	270～400	400～600

（2）极间反向电流。极间反向电流是由少数载流子形成的，而少数载流子是因受热激发而产生的，故极间反向电流的大小表征了三极管的温度特性。极间反向电流有集电极—基极反向饱和电流 I_{CBO} 和集电极—发射极反向饱和电流 I_{CEO}，且 $I_{CEO} = (1+\beta) I_{CBO}$。温度升高，$I_{CBO}$ 和 I_{CEO} 的值增加。选用三极管时，I_{CEO} 应尽可能小。

（3）频率参数。频率参数是反映三极管电流放大能力与工作频率关系的参数，表征三极管的频率适用范围。

1）截止频率 f_β。三极管的 β 值是频率的函数，中频段 $\beta = \beta_0$，几乎与频率无关，但随着频率的增高 β 值下降，当 β 下降为 $\dfrac{\beta_0}{\sqrt{2}}$ 时所对应的频率为截止频率 f_β。

2）特征频率 f_T。当 β 下降为 $\beta = 1$ 时所对应的频率为特征频率 f_T。在 $f_\beta \sim f_T$ 频率范围内，β 与频率几乎成线性关系，频率越高，β 越小；当工作频率大于 f_T 时，三极管便失去了放大能力。

（4）极限参数。极限参数是表征三极管能安全工作的参数，即三极管所允许的电流、电压和功率等的极限值。极限参数有集电极最大允许电流 I_{CM}、集电极最大允许耗散功率 P_{CM} 和反向击穿电压（集电极—基极反向击穿电压 U_{CBO}、发射极—基极反向击穿电压 U_{EBO}、集电极—发射极反向击穿电压 U_{CEO}）。

3. 半导体三极管电极的判别

小功率三极管有金属封装和塑料封装两种。如果金属封装的管壳上有定位销，那么将管

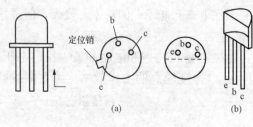

图 2-5　三极管电极的判别

(a) 金属封装；(b) 塑料封装

底朝上，从定位销起，按顺时针方向，三根电极依次为 e、b、c；如果管壳上没有定位销，且三根电极在半圆内，将有三根电极的半圆置于上方，按顺时针方向，三根电极依次为 e、b、c，如图 2-5（a）所示。塑料封装的三极管，面对三极管平面，三根电极置于下方，从左到右，三根电极依次为 e、b、c，如图 2-5（b）所示。

大功率三极管的外形分为 F 型和 G 型两种。对于 F 型大功率三极管，从外形上只能看到两根电极，将管底朝上，两根电极置于左侧，则上为 e，下为 b，底座为 c，如图 2-6（a）所示。G 型大功率三极管的三根电极一般在管壳的顶部，电极排列如图 2-6（b）所示。

在型号标注模糊的情况下，可用万用表电阻挡分辨 e、b、c 三个电极。

（1）基极的判别。将万用表选挡开关放在 $R \times 1k\Omega$ 挡或 $R \times 100\Omega$ 挡，用黑表笔和任意一个电极相触（假设它是基极），红表笔分别和另外两个电极相触。

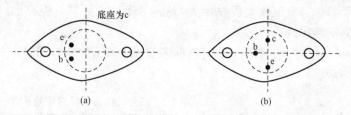

图 2-6　F 型和 G 型三极管电极的判别

(a) F 型大功率三极管；(b) G 型大功率三极管

如果一个阻值很大，一个阻值很小，则把黑表笔所接的电极调换一个，再按上述方法测试；若测得电阻都很小（或很大），将黑、红两表笔对调，再测试，则测得电阻均较大（或很小），这个电极就是基极。

（2）管型的判别。用黑表笔接基极，用红表笔分别接触另外两个极，若测得电阻都很小，则为 NPN 型三极管；若测得电阻都很大，则为 PNP 型三极管。

（3）集电极和发射极的判别。确定基极和管型后，若被测管为 NPN 型，假设余下管脚之一为集电极 c，另一为发射极 e，用手指分别捏住 c 极与 b 极（即用手指代替基极电阻 R_b）。同时，用黑表笔接触 c 极、用红表笔接 e 极（PNP 管相反），观察指针偏转角度；然后再设另一管脚为 c 极，重复以上过程，比较两次测量指针的偏转角度，偏转角度大的一次表明电流大，管子处于放大状态，相应假设的 c、e 极正确。

4. 半导体三极管的选用

（1）选用三极管一要符合设备及电路的要求，二要符合节约的原则。根据用途的不同，一般应考虑工作频率、集电极电流、耗散功率、电流放大系数、反向击穿电压、稳定性及饱和压降等几个因素。这些因素具有相互制约的关系，在选管时应抓住主要矛盾，兼顾次要因素。

（2）低频管的特征频率 f_T 一般在 2.5MHz 以下，而高频管的 f_T 从几十兆赫到几百兆赫，甚至更高。选管时，应使 f_T 为工作频率的 3~10 倍。原则上讲，高频管可以代换低频管；但是高频管的功率一般都比较小，动态范围窄，在代换时应注意功率条件。

（3）一般希望 β 选大一些，但也不是越大越好。β 太高了容易引起自激振荡，且 β 高的管子工作多不稳定，受温度影响大。通常 β 多选在 40～100。

（4）集电极—发射极的反向击穿电压 U_{CEO} 应选得大于电源电压。穿透电流越小，对温度的稳定性越好。普通硅管的稳定性比锗管好得多，但普通硅管的饱和压降较锗管为大，在某些电路中会影响电路的性能，应根据电路的具体情况选用。选用三极管的耗散功率时，应根据不同电路的要求留有一定的余量。

2.4.4　场效应管

1. 场效应管的分类

场效应管是电压控制器件，与三极管相比，具有输入阻抗高、噪声低、热稳定性好的优点，因而得到迅速发展与应用。场效应管按结构可分成结型（JFET）和绝缘栅型（MOS）两大类，按沟道半导体材料的不同，结型和绝缘栅型各分 N 沟道和 P 沟道两种；按导电方式又可分成耗尽型与增强型两种，结型场效应管均为耗尽型，绝缘栅型场效应管既有耗尽型的，也有增强型的。场效应管的常用图形符号如图 2-7 所示。

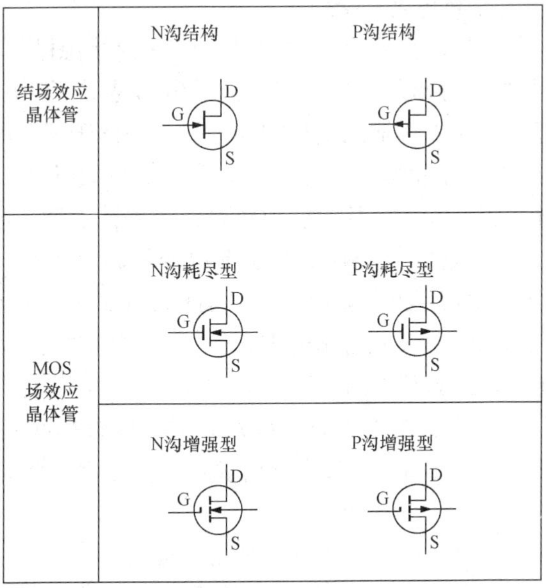

2. 场效应管的参数

（1）饱和漏极电流 I_{DSS}：是指结型或耗尽型绝缘栅场效应管中，栅极电压 $U_{GS}=0$ 时的漏极电流。

（2）夹断电压 U_{GS}：是指结型或耗尽型绝缘栅场效应管中，使漏源间刚截止时的栅极电压。

（3）开启电压 U_T：是指增强型绝缘栅场效应管中，使漏源间刚导通时的栅极电压。

图 2-7　场效应管的常用图形符号

（4）跨导 g_m：表示栅源电压 U_{GS} 对漏极电流 I_D 的控制能力，即漏极电流 I_D 变化量与栅源电压 U_{GS} 变化量的比值。g_m 是衡量场效应管放大能力的重要参数。

（5）最大耗散功率 P_{DSM}：是一项极限参数，指场效应管性能不变坏时所允许的最大漏源耗散功率。使用时，场效应管的实际功耗应小于 P_{DSM}，并留有一定余量。

3. 场效应管的测试

（1）结型场效应管的管脚判别。场效应管的栅极相当于晶体管的基极，源极和漏极分别对应于晶体管的发射极和集电极。将万用表置于 $R\times1k\Omega$ 挡，用两表笔分别测量每两个管脚间的正、反向电阻。当某两个管脚间的正、反向电阻相等，均为数千欧时，则这两个管脚为漏极 D 和源极 S（可互换），余下的一个管脚即为栅极 G。对于有 4 个管脚的结型场效应管，另外一极是屏蔽极（使用中接地）。

（2）绝缘栅型场效应管（MOS 管）的管脚判别。MOS 管的输入电阻很高，而栅、源极间电容又很小，极易受到外界电磁场或静电的感应而带电，而少量电荷就可在极间电容上形成相当高的电压，将管子损坏。因此，出厂时 MOS 管各引脚都绞合在一起，或装在金属箔内。管子不用时，全部引线也应短接。所以在测量前，要先把人体对地短路，才能触摸引脚。将万用表置于 $R×100Ω$ 挡，首先确定栅极。若某管脚与其他脚间的电阻都是无穷大，说明此脚是栅极 G。然后，测量另外两个管脚间的电阻，交换表笔再重新测量一次，其中阻值较小的那次，黑表笔接的是漏极，红表笔接的是源极。

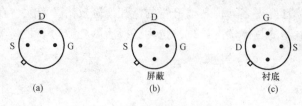

图 2-8　场效应管的管脚顺序

(a) 3DJ 管脚；(b) 结型场效应管；(c) 绝缘栅场效应管

目前常用的结型场效应管和绝缘栅场效应管的管脚顺序如图 2-8 所示。

4. 估测场效应管的放大能力

将万用表拨到 $R×100Ω$ 挡，红表笔接源极 S，黑表笔接漏极 D，相当于给场效应管加上 1.5V 的电源电压。这时表针指示出的是 D—S 极间电阻值。然后用手指捏栅极 G，将人体的感应电压作为输入信号加到栅极上，由于管子的放大作用，U_{DS} 和 I_D 都将发生变化，也相当于 D—S 极间电阻发生变化，可观察到表针有较大幅度的摆动。如果手捏栅极时表针摆动很小，说明管子的放大能力较弱；若表针不动，说明管子已经损坏。

由于人体感应的 50Hz 交流电压较高，而不同的场效应管用电阻挡测量时的工作点可能不同，因此用手捏栅极时表针可能向右摆动，也可能向左摆动。少数管子的 R_{DS} 减小，使表针向右摆动，多数管子的 R_{DS} 增大，表针向左摆动。无论表针的摆动方向如何，只要能有明显的摆动，就说明管子具有放大能力。

本方法也适用于测 MOS 管。MOS 管每次测量完毕，G—S 结电容上会充有少量电荷，建立起电压 U_{GS}，再接着测时表针可能不动，此时将 G—S 极间短路一下即可。

5. 场效应管的选用常识

通常在下列场合下要选择场效应管：

(1) 信号源内阻高，希望得到好的放大作用和较低的噪声系数。

(2) 超高频、低噪声、弱信号。

(3) 低电流运行。

(4) 作为双向导电开关。

2.4.5 晶闸管

晶闸管是晶体闸流管的简称，俗称可控硅，是一种大功率开关型半导体器件，在电路中用文字符号 "V" "VT" 表示（旧标准中用字母 "SCR" 表示）。晶闸管具有硅整流器件的特性，能在高电压、大电流条件下工作，且其工作过程可以控制，被广泛应用于可控整流、交流调压、无触点电子开关、逆变及变频等电子电路中。

1. 晶闸管的分类

晶闸管有多种分类方法，按其关断、导通及控制方式可分为普通晶闸管、双向晶闸管、逆导晶闸管、门极关断晶闸管、BTG 晶闸管、温控晶闸管和光控晶闸管等多种，按其引脚和极性可分为二极晶闸管、三极晶闸管和四极晶闸管。晶闸管按其封装形式可分为金属封装晶闸管、塑料封装晶闸管和陶瓷封装晶闸管三种类型。其中，金属封装晶闸管又分为螺栓形、平板形、圆壳形等多种，塑料封装晶闸管又分为带散热片型和不带散热片型两种。晶闸管按电流容量可分为大功率晶闸管、中功率晶闸管和小功率晶闸管三种，通常，大功率晶闸管多采用金属封装，而中、小功率晶闸管则多采用塑料封装或陶瓷封装；按其关断速度可分为普通晶闸管和高频（快速）晶闸管。

2. 晶闸管的参数

（1）额定正向平均电流 I_F：指在环境温度小于 40℃和标准散热条件下，允许连续通过晶闸管阳极的工频（50Hz）正弦波半波电流平均值。

（2）维持电流 I_H：指在控制极开路且规定的环境温度下，晶闸管维持导通的最小阳极电流。当阳极电流 $I_A < I_H$ 时，管子自动关断。

（3）正向阻断峰值电压 U_{DRM}：指控制极开路，阳极和阴极加正向电压，晶闸管处于截止状态，此时允许加到晶闸管上的正向电压最大值称为正向阻断峰值电压。使用时正向电压超过此值，晶闸管即使不加触发电压也能从正向阻断转为导通。

（4）反向阻断峰值电压 U_{RRM}：指控制极开路，阳极和阴极间加反向电压，晶闸管截止，允许加到晶闸管上的反向电压最大值称为反向阻断电压。

通常正反向阻断峰值电压是相等的，统称为峰值电压。

3. 晶闸管的测试

（1）晶闸管电极的判别。普通晶闸管可以根据其封装形式来判断出各电极。例如，螺栓形普通晶闸管的螺栓一端为阳极 A，较细的引线端为门极 G，较粗的引线端为阴极 K。平板形普通晶闸管的引出线端为门极 G，平面端为阳极 A，另一端为阴极 K。金属封装（TO-3）的普通晶闸管，其外壳为阳极 A。塑料封装（TO-220）的普通晶闸管，其中间引脚为阳极 A，且多与自带散热片相连。

根据普通晶闸管的结构可知，其门极 G 与阴极 K 极之间为一个 PN 结，具有单向导电特性，而阳极 A 与门极之间有两个反极性串联的 PN 结。因此，通过用万用表 $R \times 100\Omega$ 或 $R \times 1k\Omega$ 挡测量普通晶闸管各引脚之间的电阻值，即能确定三个电极。

将万用表黑表笔任接晶闸管某一极，红表笔依次去触碰另外两个电极。若测量结果有一次阻值为几千欧，而另一次阻值为几百欧，则可判定黑表笔接的是门极 G。在阻值为几百欧的测量中，红表笔接的是阴极 K；而在阻值为几千欧的那次测量中，红表笔接的是阳极 A。若两次测出的阻值均很大，则说明黑表笔接的不是门极 G，应使用同样方法改测其他电极，直到找出三个电极为止。

（2）判断其好坏。用万用表 $R \times 1k\Omega$ 挡测量普通晶闸管阳极 A 与阴极 K 之间的正、反向电阻，正常时均应为无穷大（∞）。若测得 A、K 之间的正、反向电阻值为零或阻值较小，则说明晶闸管内部击穿短路或漏电。

测量控制极 G 与阴极 K 之间的正、反向电阻值，正常时应有类似二极管的正、反向电阻值（实际测量结果较普通二极管的正、反向电阻值小一些），即正向电阻值较小（小于 $2k\Omega$），反向电阻值较大（大于 $80k\Omega$）。若两次测量的正、反电阻值均很大或均很小，则说明该晶闸管 G、K 极之间开路或短路；若正、反电阻值均相等或接近，则说明该晶闸管已失效，其 G、K 极间 PN 结已失去单向导电作用。

测量阳极 A 与控制极 G 之间的正、反向电阻，正常时两个阻值均应为几百千欧或无穷大，若出现正、反向电阻值不一样（有类似二极管的单向导电），则 G、A 极之间反向串联的两个 PN 结中的一个已击穿短路。

2.5 常用的集成电路

2.5.1 集成电路基本知识

1. 集成电路的分类

集成电路采用半导体制作工艺，在一块较小的单晶硅片上制作许多晶体管及电阻器、电容器等元器件，并按照多层布线或隧道布线的方法将元器件组合成完整的电子电路。它在电路中常用字母"IC"（也有用文字符号"N"等）表示。

（1）按功能结构分类。集成电路按其功能、结构的不同，可以分为模拟集成电路和数字集成电路两大类。模拟集成电路用来产生、放大和处理各种模拟信号（指幅度随时间连续变化的信号，如半导体收音机的音频信号、录放机的磁带信号等），而数字集成电路用来产生、放大和处理各种数字信号（指在时间上和幅度上离散取值的信号，如 VCD，DVD 播放的音频信号和视频信号）。

（2）按制作工艺分类。集成电路按制作工艺可分为半导体集成电路和薄膜集成电路两类。

（3）按集成度高低分类。集成电路按集成度高低的不同可分为小规模集成电路、中规模集成电路、大规模集成电路和超大规模集成电路四种。对模拟集成电路，由于工艺要求较高、电路又较复杂，一般认为集成 50 个以下元器件为小规模集成电路，集成 50～100 个元器件为中规模集成电路，集成 100 个以上元器件为大规模集成电路。对数字集成电路，一般认为集成 1～10 个等效门每片或 10～100 个元件/片为小规模集成电路，集成 10～100 个等效门每片或 100～1000 元件每片为中规模集成电路，集成 100～10000 个等效门每片或 1000～100000 个元件每片为大规模集成电路，集成 10000 个以上等效门/片或 100000 个以上元件每片为超大规模集成电路。

（4）按导电类型不同分类。集成电路按导电类型可分为双极型集成电路和单极型集成电路两种。双极型集成电路的制作工艺复杂，功耗较大，代表集成电路有 TTL，ECL，HTL，STTL 等类型。单极型集成电路的制作工艺简单，功耗也较低，易于制成大规模集成电路，代表集成电路有 CMOS，NMOS，PMOS 等类型。

（5）按用途分类。集成电路按用途可分为电视机用集成电路、音响用集成电路、影碟机用集成电路、录像机用集成电路、电脑（微机）用集成电路、电子琴用集成电路、通信用集成电路、照相机用集成电路、遥控集成电路、语言集成电路、报警器用集成电路及各种专用集成电路。

（6）按封装外形分类。集成电路按封装外形分大致有 DIP，SIP，ZIP，S-DIP，SK-DIP，PGA，SOP，MSP，QFP，SVP，LCCC，PLCC，SOJ，BGA，CSP，TCP 等，其中前 6 种属引脚插入型，随后的 9 种属表面贴装型，最后 1 种属 TAB 型。

DIP：双列直插式封装。顾名思义，该类型的引脚在芯片两侧排列，是插入式封装中最常见的一种，引脚节距为 2.54mm。该类型的电气性能优良，又有利于散热，可制成大功率器件。

SIP：单列直插式封装。该类型的引脚在芯片单侧排列，引脚节距等特征与 DIP 基本相同。

ZIP：Z 型引脚直插式封装。该类型的引脚也在芯片单侧排列，只是引脚比 SIP 粗短些，节距等特征也与 DIP 基本相同。

S-DIP：收缩双列直插式封装。该类型的引脚在芯片两侧排列，引脚节距为 1.778mm，芯片集成度高于 DIP。

SK-DIP：窄型双列直插式封装。该类型除了芯片的宽度是 DIP 的 1/2 以外，其他特征与 DIP 相同。

PGA：针栅阵列插入式封装。封装底面垂直阵列布置引脚插脚，如同针栅，插脚节距为 2.54mm 或 1.27mm，插脚数可多达数百脚。该类型用于高速的大规模和超大规模集成电路。

SOP：小外形封装。该类型为表面贴装型封装的一种，引脚端子从封装的两个侧面引出，呈"L"字形，引脚节距为 1.27mm。

MSP：微方型封装。该类型为表面贴装型封装的一种，引脚端子从封装的四个侧面引出，呈"I"字形向下方延伸，没有向外突出的部分。实装占用面积小，引脚节距为 1.27mm。

QFP：四方扁平封装。该类型为表面贴装型封装的一种，引脚端子从封装的两个侧面引出，呈"L"字形，引脚节距为 1.0，0.8，0.65，0.5，0.4，0.3mm，引脚可达 300 脚以上。

SVP：该类型为表面安装型垂直封装，系表面贴装型封装的一种，引脚端子从封装的一个侧面引出，引脚在中间部位弯成直角，弯曲引脚的端部与 PCB 键合，为垂直安装的封装。实装占有面积很小，引脚节距为 0.65，0.5mm。

LCCC：该类型为无引线陶瓷封装载体。在陶瓷基板的四个侧面都设有电极焊盘而无引脚的表面贴装型封装。该类型用于高速、高频集成电路封装。

PLCC：该类型无引线塑料封装载体。一种塑料封装的 LCC，也用于高速、高频集成电路封装。

SOJ：该类型小外形 J 引脚封装，系表面贴装型封装的一种，引脚端子从封装的两个侧面引出，呈"J"字形，引脚节距为 1.27mm。

BGA：该类型球栅阵列封装，系表面贴装型封装的一种，在 PCB 的背面布置二维阵列的球形端子，而不采用针脚引脚，焊球的节距通常为 1.5，1.0，0.8mm，与 PGA 相比，不会出现针脚变形问题。

CSP：该类型芯片级封装，系一种超小型表面贴装型封装，其引脚也是球形端子，节距为 0.8，0.65，0.5mm 等。

TCP：该类型带载封装。在形成布线的绝缘带上搭载裸芯片，并与布线相连接的封装。与其他表面贴装型封装相比，芯片更薄、引脚节距更小，达 0.25mm，而引脚数可达 500 针以上。

（7）按芯片的封装材料分类。集成电路按芯片的封装材料分有金属封装、陶瓷封装、金属—陶瓷封装、塑料封装。

金属封装：金属材料可以冲压，因此有封装精度高、尺寸严格、便于大量生产、价格低廉等优点。

陶瓷封装：陶瓷材料的电气性能优良，适用于高密度封装。

金属—陶瓷封装：兼有金属封装和陶瓷封装的优点。

塑料封装：塑料的可塑性强，成本低廉，工艺简单，适合大批量生产。

2. 集成电路型号命名方法

按国家标准规定，集成电路型号通常由五部分组成，各部分的符号及意义如表2-7所示。

表 2-7　　　　　　　　　　　　集成电路型号的命名法

第零部分		第一部分		第二部分	第三部分		第四部分	
用字母表示符合国家标准		用字母表示类型		用阿拉伯数字表示系列和品种代号	用字母表示工作温度范围		用字母表示封装	
符号	意义	符号	意义		符号	意义	符号	意义
C	中国制造	T	TTL		C	0～70℃	W	陶瓷扁平
		H	HTL		E	−40～85℃	B	塑料扁平
		E	ECL		R	−55～85℃	F	全封闭扁平
		C	CMOS		M	−55～125℃	D	陶瓷直插
		F	线性放大器				P	塑料直插
		D	音响、电视电路				J	黑陶瓷直插
		W	稳压器				K	金属菱形
		J	接口电路				T	金属圆形

3. 集成电路的引脚排列与判别

判别圆形集成电路时，面向管脚正视，从定位销顺时针方向依次为1，2，3，4…，如图2-9（a）所示；判别扁平形双列直插式集成电路时，将文字符号标记正放（一般集成电路上有一圆点或有一缺口，将缺口或圆点置于左方），由顶部俯视，从左下脚起按逆时针方向数，依次为1，2，3，4…，如图2-9（b）所示。图2-9（c）所示为单列直插式集成电路的引脚排列示意图。

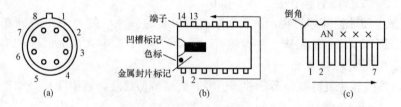

图 2-9　集成电路引脚判别

（a）圆形；（b）扁平形双列直插式；（c）扁平形单列直插式

2.5.2　常用模拟集成电路——集成运算放大器

1. 集成运算放大器的分类

集成运算放大器通常可分为如下几类。

（1）通用型运算放大器。通用型运算放大器就是以通用为目的而设计的。这类器件的主要特点是价格低廉、产品量大面广，其性能指标适合于一般性使用。如μA741（单运放）、LM358（双运放）、LM324（四运放）及以场效应管为输入级的LF356都属于此类。它是目前应用最为广泛的集成运算放大器。

（2）高阻型运算放大器。这类集成运算放大器的特点是差模输入阻抗非常高，输入偏置电流非常小；利用场效应管高输入阻抗的特点，用场效应管组成运算放大器的差分输入级；用 FET 作输入级，不仅输入阻抗高，输入偏置电流低，而且具有高速、带宽带和低噪声等优点，但输入失调电压较大。常见的这类集成器件有 LF356、LF355、LF347（四运放）及更高输入阻抗的 CA3130、CA3140 等。

（3）低温漂型运算放大器。在精密仪器、弱信号检测等自动控制仪表中，总是希望运算放大器的失调电压要小且不随温度的变化而变化。低温漂型运算放大器就是为此而设计的。

（4）高速型运算放大器。在快速 A/D 和 D/A 转换器、视频放大器中，要求集成运算放大器的转换速率 SR 一定要高，单位增益带宽 BWG 一定要足够大，而通用型集成运放是不能适合于高速应用的场合的。高速型运算放大器的主要特点是具有高的转换速率和宽的频率响应。常见的高速型运算放大器有 LM318、mA715 等，其 SR 为 $50\sim70\text{V/ms}$，$\text{BWG}>20\text{MHz}$。

（5）低功耗型运算放大器。由于电子电路集成化的最大优点是能使复杂电路小型轻便，所以随着便携式仪器应用范围的扩大，必须使用低电源电压供电、低功率消耗的运算放大器。目前的此类产品功耗已达微瓦级，如 ICL7600 的供电电源为 1.5V，功耗为 10mW，可采用单节电池供电。

2. 运算放大器参数

（1）输入失调电压 U_{os}。在运算放大器两输入端外加一个直流补偿电压，使放大器输出端为零电位，此时外加补偿电压即为输入失调电压 U_{os}。

（2）输入失调电压温漂 dU_{os}/dT。在规定的环境温度范围内，单位温度变化所引起的输入失调电压的变化量即为输入失调电压温漂。

（3）输入偏置电流 I_B。运算放大器在失调补偿后，使放大器输出为零，两输入端所需偏置电流的平均值即为输入偏置电流 I_B。

（4）输入失调电流 I_{os}。输入信号为零时，放大器两个输入端偏置电流之差即为输入失调电流 I_{os}。

（5）输入失调电流温漂 dI_{os}/dT。运算放大器在规定的温度范围内，单位温度变化所引起的输入失调电流变化量即为输入失调电流温漂 dI_{os}/dT。

（6）单位增益带宽 f_C。运算放大器的开环电压增益下降到 1（0dB）时的频带宽度，即为单位增益带宽 f_C。

（7）转换速率 SR。运算放大器在额定输出电压时，输出电压的最大变化速率即为 SR。

3. 正确选择集成运算放大器

在没有特殊要求的场合，尽量选用通用型集成运算放大器，这样既可降低成本，又容易保证货源。当一个系统中使用多个运算放大器时，尽可能选用多运算放大器集成电路，如 LM324、LF347 等，它们都是将四个运算放大器封装在一起的集成电路。

评价集成运算放大器性能的优劣，应看其综合性能。一般用优值系数 K 来衡量集成运算放大器的性能优良程度，定义为

$$K = \frac{SR}{I_B U_{os}} \tag{2-1}$$

式中，SR 为转换速率，其值越大，表明运算放大器的交流特性越好；I_B 为运算放大器的输入偏置电流；U_{os} 为输入失调电压。

I_B 和 U_{os} 值越小，表明运算放大器的直流特性越好。所以，对于放大音频、视频等交流信号的电路，选 SR（转换速率）大的运算放大器比较合适；对于处理微弱直流信号的电路，选用准确度比较高的运算放大器比较合适（即失调电流、失调电压及温漂均比较小）。

实际选择集成运算放大器时，除优值系数要考虑之外，还应考虑其他因素。例如信号源的性质，是电压源还是电流源；负载的性质，集成运算放大器输出的电压和电流是否满足要求；环境条件，集成运算放大器允许工作范围、工作电压范围、功耗与体积等因素是否满足要求。

2.5.3　常用数字集成电路

1. TTL 器件

74/54 系列 TTL 器件是国外最流行的通用器件，74 系列为民用品，54 系列 TTL 器件为军用品。两者间区别仅在于温度范围：74 系列的工作温度范围是 0～70℃，54 系列的工作温度范围是 −55～120℃。我国与 74/54 系列对应的产品是 CT74×××系列。

74 系列器件大致可分为 74×××（标准型）、74LS×××（低功耗肖特基）、74S×××（肖特基）、74ALS×××（先进低功耗肖特基）、74AS×××（先进肖特基）、74H×××（高速）6 大类。

TTL 器件的型号组成一般由前缀、编号、后缀三大部分组成，前缀代表制造厂商，编号包括产品系列号、器件系列号，后缀一般表示温度等级、封装形式等。74 系列 TTL 器件型号的组成及符号的意义如表 2-8 所示。

表 2-8　　　　　　　　　　74 系列 TTL 器件型号的组成及符号的意义

第一部分	第二部分		第三部分		第四部分		第五部分	
前缀	产品系列		器件类型		器件功能		器件封装形式	
	符号	意义	符号	意义	符号	意义	符号	意义
代表制造厂商	54/74	军用/民用		标准电路	阿拉伯数字	器件功能	W	陶瓷扁平
			H	高速电路			B	塑封扁平
			S	肖特基电路			F	全密封扁平
			LS	低功耗肖特基电路			D	陶瓷双列直插
			ALS	先进低功耗肖特基电路			P	塑封双列直插
			AS	先进肖特基电路				

2. CMOS 器件

国际上通用的 CMOS 器件主要有美国无线电（RCA）公司的 CD4000 系列产品和美国摩托罗拉公司开发的 MC14000 系列产品。我国的 CMOS 器件主要分为 CC4000 和 CC14000 两个系列，其引脚功能排列与国外相应序号的产品一致。

常用 CMOS 器件分为 CMOS（互补场效应晶体管系列）、HCMOS（高速 CMOS 系列）、

HCT（与 TTL 电平兼容的 HCMOS 系列）、AC（先进的 CMOS 系列）4 类。

4000 系列 CMOS 器件型号的组成及符号的意义如表 2 - 9 所示。

表 2 - 9　　　　　　　　4000 系列 CMOS 器件型号的组成及符号的意义

第一部分		第二部分		第三部分		第四部分	
		器件系列		器件种类		工作温度	
前缀	意义	符号	意义	符号	意义	符号	意义
CD	美国无线电公司产品	40	产品系列	阿拉伯数字	器件功能	C	0～70℃
CC	中国制造					E	−40～85℃
TC	日本东芝公司产品					R	−55～85℃
MC1	摩托罗拉公司产品					M	−55～125℃

第3章 常用电子仪器及使用

常用电子仪器是指一般测量电压、电流、频率、波形、元件参数所用的仪器及各种标准信号发生器。在电子电路实验中，常用的电子仪器主要包括示波器、信号发生器、交流电压表、万用表、直流稳压电源等。

3.1 示 波 器

3.1.1 示波器的功能及特点

电子示波器是一种综合性的电信号测试仪器，它能把眼睛看不见的电信号转换成能直接观察的波形，显示于荧光屏上。电子示波器实际上是一种时域测量仪器，用于观察信号随时间的变化关系，可用来测量电信号波形的形状、幅度、频率和相位等。示波器种类很多，有通用示波器，多踪示波器、数字示波器等。

电子示波器的主要特点如下：

(1) 能显示电信号的波形，便于观察波形的变化规律。

(2) 测量灵敏度高，可测量幅度较小的信号，且具有较强的过载承受能力。

(3) 输入阻抗较高，对被测网络的影响较小。

(4) 工作频率高，响应速度快，便于观察波形瞬变的细节。

(5) 具有"X—Y"工作方式，即两个 Y 轴输入信号中的一个作为 X 轴的输入信号，可描绘出任何两个量之间的函数关系。

1. 示波器的工作原理

图 3-1 所示为常用示波器的结构示意图。它主要由垂直系统、水平系统和示波管三部分组成。

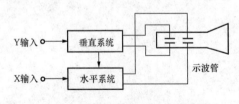

图 3-1 常用示波器的结构示意图

被测信号由 Y 输入端送至垂直系统，经内部 Y 轴放大电路放大后加至示波管的垂直偏转板，控制光点在荧光屏垂直方向上移动。水平系统中扫描信号发生器产生锯齿波电压（亦称时基信号），经放大后加至示波管的水平偏转板，控制光点在荧光屏水平方向上匀速运动。示波管用来显示被测信号的波形。加至示波管垂直偏转板上的被测电压使光点垂直运动，加至水平偏转板上的锯齿波电压使光点沿水平方向匀速运动，两者合成，光点便在荧光屏上描绘出被测电压随时间变化的规律，即被测电压波形。

2. 示波器的电路组成

图 3-2 所示为示波器的电路组成框图。它由垂直系统、水平系统、Z 轴电路、中央处理单元（CPU）及电源等几部分组成。由图 3-2 可见，被测信号由 Y 输入端输入示波器，经垂直衰减器、垂直前置放大电路、通道开关、延迟线和垂直末级放大电路处理后，输出幅度

足够大的信号加在示波管的垂直偏转板上，使电子枪发射的电子束按被测信号的变化规律在垂直方向产生偏转。扫描信号发生器产生的扫描锯齿波电压，经水平放大电路放大后，加到示波器的水平偏转板上，使电子枪发射的电子束水平偏转。为了使示波器显示出稳定的波形，将被测信号的一部分（内触发方式）或外触发信号（外触发方式）送到触发同步电路，触发同步电路输出一个触发信号去启动扫描电路，产生一个由触发信号控制其起点的扫描电压。Z轴电路的作用是在扫描正程的时间内产生增辉信号，加到示波器的栅极上，使荧光屏上的光迹增亮；而在扫描逆程的时间内将光迹消隐。

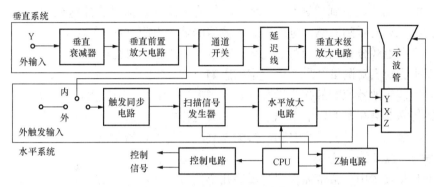

图3-2 示波器的电路组成框图

（1）示波器的垂直系统。示波器的垂直系统由输入耦合选择电路、衰减器、垂直放大电路和延迟线等组成。由于示波管的偏转灵敏度基本上是固定的，因此，为了扩大观测信号的幅度范围，垂直通道要设置衰减器和放大电路，以便把被测信号的幅度变换到适于示波管观测的数值。由于设置了衰减器和放大电路，示波器的偏转灵敏度可在很大范围内调节。

（2）示波器的水平系统。示波器的水平系统由触发同步电路、扫描电路和水平放大电路等组成。

触发同步电路由触发输入放大电路、触发整形电路等组成；水平放大电路的基本作用是将所选择的X轴信号放大，使光点在水平方向能够达到满偏；扫描电路由闸门电路、扫描信号发生器等组成。

3．示波器探头

示波器探头的结构及等效电路如图3-3所示。R_1 为探头内的串联电阻，C_1 为探头内的分布电容，S为衰减选择开关，R_2 为示波器垂直输入端的输入阻抗（通常为1MΩ），C_2 为示波器的输入电容和电缆分布电容的等效电容，C_x 为调整补偿电容。

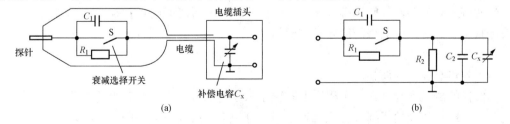

图3-3 示波器探头的结构及等效电路

（a）示波器探头结构；（b）等效电路

　　示波器垂直输入端的输入阻抗是有限的，可以等效于输入电阻 R_1 和输入电容 C_2 的并联。如果将示波器的垂直输入端通过电缆接于被测电路中，并接在测试点上，示波器的输入阻抗和电缆的分布电容（可达几百皮法）就成了被测电路的负载，就会对被测电路产生影响。为了减小示波器输入阻抗的不良影响，专门设计了示波器探头。

　　一般将探头的衰减选择开关拨到"×10"位置时，开关 S 断开，衰减量为 10：1，若示波器的输入电阻为 1MΩ，输入电容（包括电缆的分布电容等）约为 200pF，则接入探头后的输入电阻增大至 10MΩ，输入电容减小至约 20pF。

　　当探头的衰减开关拨到"×1"位置时，开关 S 闭合，信号直接送到示波器的输入端，此时从探头的探针处看到的输入电阻即为示波器的输入电阻（如 1MΩ），输入电容即为示波器的输入电容和电缆分布电容的等效电容，可达几百皮法。可见，用"×1"挡进行测量时，示波器的探头有时会对测量结果产生一定的影响。

　　一些高性能示波器原配的探头没有"×1"挡，只有"×10"挡，且屏幕上的电压测量指示值已经将探头衰减器的影响考虑进去。一般这样的示波器如果不采用原配探头，而直接用普通电缆线输入，则示波器会自动转换为无衰减器的测量指示值。

　　4. 示波器的双踪显示原理

　　在电子测量技术中，常常需要同时观测几个信号，并对这些信号进行电参量的测试和比较，这就需要在一个荧光屏上能同时显示几个波形。双踪示波是在单线示波的基础上，利用一个专用电子开关来实现两个波形的同时显示。双踪示波器的组成与普通示波器类似，只不过具有两个垂直通道和一个电子开关。通过电子开关分别把两个不同的信号轮流送入输出放大器，在荧光屏上显示两路波形，工作原理电路如图 3-4 所示。电子开关轮流接通 A 门和 B 门，A 通道和 B 通道的输入信号 U_A 和 U_B 按一定的时间分割，轮流被送到垂直偏转板，在荧光屏上显示出来。电子开关的工作方式有"交替"和"断续"两种。

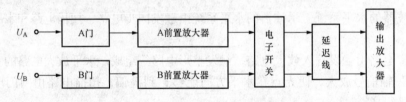

图 3-4　双踪显示工作原理电路

3.1.2　示波器的调整及测量电压、相位、时间和频率

　　下面介绍示波器的调整、使用及测量电压、相位、时间与频率的一般方法。需要强调的是，在使用示波器进行测量时，示波器的有关调节旋钮必须处于校准状态。例如测量电压时，Y 通道的衰减器调节旋钮必须处于校准位置；在测量时间时，扫描时间调节旋钮必须处于校准状态。只有这样测得的值才是准确的。

　　1. 示波器的调整

　　（1）聚焦与亮度的调整。

　　示波器的测量准确度在一定程度上取决于示波管的分辨力，分辨力的高低取决于屏幕光点的大小，即扫描线的粗细。要想得到较高的分辨力，就要有较细的扫描线，这就要求使用者必须精心地调整示波器的聚焦。所以当使用示波器进行测量时，要调整示波器的聚焦与亮度，使显示的扫描线尽可能细些，以保证所观察的波形清晰。由于示波器的亮度会影响聚焦特性，亮度过高，电子束密度大，难以做到良好聚焦，因此应将扫描线亮度适当调低些，以改善聚焦性能，同时这样做可延长示波器的使用寿命。另外，为保证在任何时候都有扫描线，扫描方式一般应选择自动扫描方式。

（2）波形位置和几何尺寸调整。

应仔细调整示波器的有关旋钮（按键），使波形尽量处于示波器屏幕中心的位置，以获得较好的测量范围。应正确调整 Y 通道的衰减器，尽可能使波形幅度占示波器屏幕的一半以上，以提高电压幅度的测量准确度。应正确调整扫描时间选择旋钮，以便能够在示波器屏幕上看到一个或几个完整的波形周期，波形不要过密，以保证波形周期的测量准确度。

（3）触发状态的正确调整。

调整触发状态就是合理地选择触发源和触发耦合方式。应仔细调整触发电平，使示波器处于正常触发状态，以得到稳定的波形。当选择触发源时，如果所观察的信号是单通道信号，就选择该通道信号作为触发源；如果观察两个时间相关的波形，应将信号周期长的那个通道作为触发源。

要根据被观察信号的特性来选择触发耦合方式。在一般情况下，如果被观察的信号为脉冲信号，应选择直流耦合方式；如果被观察的信号为正弦交流信号，应选择交流耦合方式；如果被观察的信号为带有高频噪声的交流信号，应选择高频抑制的耦合方式。

（4）示波器的校准。

在使用示波器进行测量时，应注意示波器 Y 通道的衰减器调节旋钮、扫描时间调节旋钮必须处于校准状态，只有这样测得的值才是准确的。

（5）示波器探头的正确使用。

探头是示波器的重要附件，其质量的好坏直接影响示波器的测量准确度。质量优良的探头，其电容必须是超高频、低损耗的优质无感电容；电阻必须是高稳定、低温漂、高频无感电阻；探头的电缆必须是精心设计与制造的专用电缆。因此当使用示波器进行测量时，应该选择质量优良的探头，最好用示波器的原配探头。

当使用探头进行测量时，其衰减器是选择"×10"挡还是选择"×1"挡，要根据被测电路与被测信号的具体情况而定。若被测点是高阻节点，或被测信号频率较高，则应选择"×10"挡进行测量，否则会使测量产生较大的误差。如果被测点为低阻节点，信号频率较低，则应选择"×1"挡进行测量。当然，信号幅度过小时亦应选择"×1"挡。在使用探头"×10"挡进行测量前，应检查探头是否处于最佳补偿状态。必要时可调整探头上的微调电容，以免出现过补偿或欠补偿的情况，影响测量结果。

在使用探头进行测量前，要判断其好坏，即有无断线处。将探头的两个接线夹闭合，示波器屏幕是一条直线，则说明示波器探头是好的；如果示波器屏幕是不规则的乱线，则说明示波器探头是坏的，有断线处。

示波器探头使用时应注意：探头用于连接示波器与被测电路，是测量导线、电缆线或一端带有 10：1（1：1）或衰减器的电缆线。由于导线和电缆线存在分布电容，因此，探头将引入一个明显的电容，与示波器的输入阻抗并联。电路的阻抗和示波器的输入阻抗一起形成一个低通滤波器。对于很低的频率，电容相当于开路，对测量几乎不产生影响；对于高频，电容的阻抗变得不可忽视，它使电压下降，用示波器可以观察到这种影响。10∶1探头也称分压探头或衰减探头，比1∶1的探头带宽宽，但在示波器上只能看到原先电压的1/10。在使用10∶1探头时，必须将测量结果乘以10。

2. 电压测量

(1) 直流电压的测量。要进行直流电压的测量，示波器通道必须处于直流耦合状态（Y轴放大电路的下限截止频率为0），同时示波器的Y轴灵敏度旋钮必须处于校准状态。测量步骤如下：

1) 首先将输入端对地短路，在屏幕上找出零电压所对应的位置，即扫描基线，并将该基线调至合适位置，作为零电压基准位置。

2) 将被测电压通过探头（或直接）接至示波器的输入端，调节垂直轴灵敏度（旋钮），使扫描线有合适的偏移量，如图3-5所示。

如果直流电压的坐标刻度（波形与基线之间的距离）为 H（DIV），轴灵敏度旋钮的位置为 S，单位为 V/DIV，探头的倍增系数为 k，则所测的直流电压值为 $U = SHk$。

(2) 交流电压的测量。

1) 将 Y 轴输入耦合方式选择开关置于交流耦合（AC）位置。

2) 根据被测信号的幅度和频率，调整垂直灵敏度旋钮和水平灵敏度旋钮于合适的位置。

3) 将被测信号通过探头（或直接）输入到示波器的 Y 轴输入端。

4) 选择合适的触发源和触发耦合方式，调整触发电平调节旋钮，使示波器屏幕显示出稳定的波形，如图3-6所示。

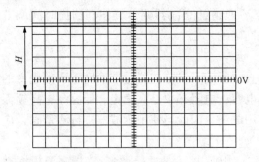

图 3-5　直流电压的测量方法

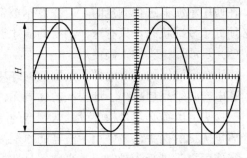

图 3-6　交流电压的测量方法

设被测电压波形最高点与最低点的距离为 H，则被测电压的峰 - 峰值为 $U_{xpp} = SHk$，有效值为 $U_x = \dfrac{U_{xpp}}{2\sqrt{2}}$。仿照上述方法，可以测量波形中特定点的瞬时值。

如果被测信号是不含直流成分的正弦信号，一般选用交流耦合方式；如果输入信号是含有直流分量的交流信号或脉冲信号，则通常选用直流耦合方式。即使被测信号是正弦信号，若频率很低，亦应选用直流耦合方式，以便观察输入信号的全部内容。

3. 相位测量

所谓相位测量，通常是指测量两个同频率信号之间的相位差，如测量 RC 电路的相移特性、放大电路的输出信号相对于输入信号的相移特性等。

用双踪示波器测量两个信号之间的相位差是很方便的。测量时，要选定其中一个输入通道的信号作为触发源，调整触发电平，以显示出两个稳定的波形。在测量中应调整 Y 轴灵敏度和 X 轴扫描速度，使波形的高度和宽度合适。

图 3-7 中两波形的相位差为

$$\varphi = \frac{L_x}{L_T} \times 360°$$

4. 时间测量

时间测量通常是指测量信号的周期、脉冲宽度、上升时间、下降时间等。只要按其定义测量出相应的时间间隔即可，它们的测量方法是一样的。测量时间间隔的方法与前面测量电压的方法类似，具体操作不再赘述。

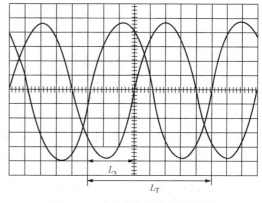

图 3-7 交流信号相位差的测量

5. 频率测量

由于频率是周期的倒数，所以要测量信号的频率一般是先测量信号的周期，再换算成频率。

此外，有些电子示波器附带有频率测试功能（数字频率计），利用此功能可以直接显示出被测信号的频率，简单方便。

6. 使用注意事项

（1）在未对示波器有比较详细的了解之前，不要急于开机操作。

（2）开机后没有预想的波形轨迹出现时，不要随意旋动所有旋钮，否则可能导致旋钮处在错误的位置上。

（3）使用者在操作过程中的每一个步骤都要有明确的目的，如不能改进显示状态，则应将旋钮调回到原来的位置，如果仍存在问题，不妨返回初始状态。

正确使用与调整示波器，对于延长仪器的寿命和提高测量准确度是十分重要的。

3.1.3 GDS-1102A 示波器

1. GDS-1102A 示波器面板说明

GDS-1102A 示波器的面板布局如图 3-8 所示，下面结合面板图说明各功能键的作用，如表 3-1 所示。

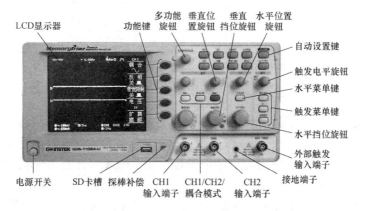

图 3-8 GDS-1102A 示波器面板布局图

表 3 - 1　　　　　　　　　　GDS - 1102A 示波器各旋钮功能及调节方法

名　　称	操作方法	功　　能
电源开关	按下	启动或关闭示波器
LCD 显示器	显示	显示彩色 TFT，分辨率 320×234
功能键〔F1（上方）至 F5（下方）〕	按下	启动 LCD 显示器左边所显示的功能
多功能旋钮	旋转	增加/减小数值或移动到上/下一个参数
垂直位置旋钮	旋转	垂直移动波形，旋转每个通道的垂直位置旋钮可以上下移动波形
垂直挡位旋钮	旋转	旋转旋钮改变垂直刻度，范围 1 - 2 - 5 步进
水平位置旋钮	旋转	在水平位置左右移动波形
水平挡位旋钮	旋转	可将波形左右移动，范围 1 - 2.5 - 5 - 10 步进，显示器下方的时基指示符更新当前水平刻度
水平菜单键	按下	设置水平图像
自动设置键	按下	设置并运行自动测量功能
触发电平旋钮	旋转	触发功能设置示波器捕获输入信号条件
触发菜单键	按下	设置触发设定
外部触发输入端子 EXT	接入	接收外部触发信号
接地端子	端口	接收被测体地线以接地
输入端子 CH1/CH2	接入	接收 1（1±2%）MΩ 输入阻抗，BNC 端子信号
数学计算键	按下	运行数学运算
探棒补偿输出	端口	输出 2V（p - p）的方波信号探棒或演示
SD 卡槽	端口	便于移动波形数据，显示图像和面板设置
捕获键	按下	设置采样模式
显示键	按下	显示器设置
功能组件键	按下	设置 Hardcopy 功能
光标键	按下	运行游标测量功能
测量键	按下	设置并运行自动测量功能
存储/调出键	按下	存储/调取图像、波形或面板设定
硬拷贝键	按下	将图像、波形或面板设定储存到 SD 卡
运行/停止键	按下	运行或停止触发

2. 使用说明

(1) 自动测量

自动测量功能可以测量输入信号的特性并且更新其在显示器上的状态。屏幕右边的菜单栏随时更新多达 5 组自动测量项目。屏幕上可以根据需要显示所有自动测量类型。

1）观察测量结果：按测量键。菜单条中显示测量结果，并且不断更新。共可以定制 5 组测量项目（F1～F5）。

2）编辑测量项目：按相应的菜单键（F1～F5）选择需要编辑的测量项目。将出现编辑菜单。

3）改变测量项目：旋转功能控制旋钮选择测量项目。

4）改变测量通道：重复按 F1 将信号源从 CH1 项或返回测量结果。切换至 CH2 或数学计算。重复按 F2 改变信号源 2 的通道。

5）观察所有测量项：按 F3 观察所有测量项目。所有的测量项目出现在屏幕中央。按 F3 返回。

（2）游标测量是指水平或垂直游标线显示输入波形的准确位置或数学运算结果。水平游标追踪时间周期和频率，垂直游标追踪电压。所有测量均实时更新。

1）使用水平游标。步骤 1：按下 Cursor 键，游标出现在显示器上。步骤 2：按 X↔Y 选择水平（X1&X2）游标。步骤 3：重复按 Source 键选择通道源。步骤 4：游标测量结果会出现在菜单上：F2～F4。

参数：X1　　左游标的 Time/Voltage 位置（相对于 0）。

X2　　右游标的 Time/Voltage 位置（相对于 0）。

X1X2　X1 和 X2 之间的距离。

us　　X1 和 X2 之间的时间差。

Hz　　时间差转换为频率。

V　　电压差（X1－X2）。

移动水平游标：按 X1，然后使用旋钮移动左游标。

按 X2，然后使用旋钮移动右游标。

按 X1X2，然后旋转旋钮同时移动两组游标。

移动游标：按 Cursor 移动屏幕上的游标。

2）使用垂直游标：步骤 1：按 Cursor 键，游标出现在显器上。步骤 2：按 X↔Y 选择垂直（Y1&Y2）游标。步骤 3：重复按 Source 键选择通道源。步骤 4：菜单中显示游标测量结果。

参数：Y1　　上方游标的电压。

Y2　　下方游标的电压。

Y1Y2　上下游标间的电压差。

移动垂直游标：按 Y1，然后旋转旋钮移动上游标。

按 Y2，然后旋转旋钮移动下游标。

按 Y1Y2，然后旋转旋钮同时移动两组游标。

移动游标：按 Cursor 移动屏幕上的游标。

3.2　信　号　发　生　器

信号发生器是一种应用非常广泛的电子设备，可作为各种电子元器件、部件及整机测量、调试、检修时的信号源。信号发生器提供正弦波、方波、三角波等多种信号波形，使用很灵活。目前，信号发生器的输出频率范围可达到 0.005Hz～50MHz，可输出正弦波、方波、三角波、锯齿波等各种信号。一般信号发生器都具有频率计数和显示功能，当该仪器外接计数输入时，还可作为频率计数器使用。有些函数信号发生器还具备调制和扫频功能。

信号发生器中的正弦波输出信号在模拟电子技术测试中的应用十分广泛，如运算放大器增益的测量、相位差的测量、非线性失真的测量以及系统频率特性的测量等均需要正弦信号源。

3.2.1　信号发生器的分类

在电子电路测量中，信号发生器用途广泛、种类繁多，根据测量要求和测量范围的不同，可分为多种类型。

1. 按输出波形分类

(1) 正弦信号发生器，产生正弦波或受调制的正弦波。

(2) 脉冲信号发生器，产生不同脉宽的重复脉冲。

(3) 函数信号发生器，产生幅度与时间成一定函数关系的信号，包括正弦波、三角波、方波等各种信号。

(4) 噪声信号发生器，产生各种模拟干扰的电信号。

2. 按输出频率范围分类

(1) 超低频信号发生器，输出频率范围为 0.001～1000Hz。

(2) 低频信号发生器，输出频率范围为 1Hz～1MHz。

(3) 视频信号发生器，输出频率范围为 20Hz～10MHz。

(4) 高频信号发生器，输出频率范围为 30kHz～30MHz。

(5) 超高频信号发生器，输出频率范围为 4～300MHz，甚至更高。

3.2.2　EE1410 合成函数信号发生器

EE1410 合成函数信号发生器是一种精密的测试仪器，具有高稳定度，多功能等特点的函数信号发生器。采用 DDS（直接数字合成）技术，输出信号的频率稳定度等同于内部晶体振荡器，使测试更加准确，内部输出正弦波、方波、三角波、斜波、脉冲波、锯齿波、TTL/CMOS，50Hz，AM 波及 FM 波、FSK、BPSK、BURST、扫频等 30 多种波形，内嵌式 1.5G 计数器，可满足各种测试需求。

1. 技术参数

(1) 输出频率：0.01Hz～10MHz。

(2) 输出波形：正弦波、三角波、方波、脉冲波、锯齿波、TTL/CMOS 及扫频信号。

(3) 输出阻抗：50Ω。

(4) 输出信号电平：2mV(p-p) ～20V(p-p)。

(5) 输出信号方式：点频、扫频、调幅、调频，FSK、BPSK、BURST。

(6) 正弦波失真：≤0.15% [<100kHz，≥10V (p-p)]。

(7) 输出功率：≥10W。

(8) 内部扫频：线性，满量程扫频，扫频时间为 10Ms～5s。

(9) 调制特性：外部调制：频率 1kHz±1Hz 调制度可调。

外调制：AM 正弦波，输入 1.8 (p-p)，频率小于 10kHz；

　　　　　FM 正弦波，输入 1.8 (p-p)，频率小于 10kHz。

(10) 正弦波失真：≤0.5%。

(11) 电源机整机功耗：电压：220 (1±10%) V；频率：50Hz±5Hz；功耗不大于 50V·A。

2. 使用说明

EE1410 函数信号发生器的面板布局如图 3-9 所示，下面结合面板图说明各功能键的作用。

图 3-9　EE1410 函数信号发生器的面板图

开机后主函数输出信号为正弦波，频率 3MHz，幅度 1V(p-p) 无调制状态。

（1）频率调整：按频率键，此时输入为频率输入，按数字键（0～9）和频率单位键（MHz/kHz/Hz）输入需要的频率。

（2）幅度的调整：按幅度键此时输入为幅度输入，此时用户可以按数字键（0～9）和幅度单位键（Vpp/mVpp）输入需要的幅度；还可以按复用键＋幅度键切换幅度的显示，以切换不同的幅度单位（有效值和峰-峰值）。

（3）波形选择：按不同的波形按键可选择正弦波、三角波、方波、锯齿波。

（4）调频模式：可以通过复用键＋⎍键，进入调频状态，此时输入信号为调频波。此时调节旋转编码器可以改变频偏。当前工作模式为调频、调制源为内部。此时调节旋转编码器可以改变频偏。

（5）调幅模式：可以通过复用键＋∼键，进入调幅状态，此时输入信号为调幅波。此时调节旋转编码器可以改变调幅深度。

频移键控（FSK）模式：注意三角波、锯齿波没有此种方式。按复用键＋⎍⎍键进入频移键控（FSK）状态，此时输出信号为（SFK）调制波。

相移键控（BPSK）模式：注意三角波、锯齿波没有此种方式。可以通过按复用键＋Ⅲ键，进入相移键控（BPSK）状态，此时输出信号为 BPSK 调制波。

脉冲猝发模式（BURST）：在输出为脉冲波时，可以通过按复用键＋Ⅲ键进入脉冲猝发状态，表示当前工作模式为 BURST、调制源为内部手动，脉冲个数为一个。此时可以按触发键产生一次手动触发，即输出一次指定个数的脉冲串。也可以用数字键（0～9）、右翻屏键（脉冲个数单位）更改脉冲个数。

（6）调制源选择：在非扫频状态时，可以按复用键＋调制关键，来切换调制源状态。此时可以按复用键＋调制关键，使其发生变化，表示调制源已经切换到外部。调幅频移键控相移键控和脉冲串皆有此功能。

（7）调制关闭：在任何调制模式下，都可以按调制关键退出调制模式。在测频、测幅、立体声状态时按本键即退出函数设置状态。

（8）脉冲占空比调整：仅在脉冲输出时才进行占空比调整。在脉冲波输出状态下，先按复用键＋频率键然后按数字键（0～9）和右翻屏键修改脉冲波的占空比。按频率键确认修改占空比，并返回频率设置菜单。

（9）直流偏置调整：按偏置开关键，直流偏置将进行开、关状态的切换。在偏置关时想要打开直流偏置，可以按偏置开关键打开直流偏置。在偏置开的状态下，用户可以转动编码器调节偏置亮，屏幕上会出现"＊"号闪耀，表明正在调节直流偏置量。

（10）存储调用：本机可以对频率、幅度、波形信息的存储调用。在需要存储时按复用键＋函数/音频键，此时可以按数字键（0～9）完成频率、幅度、波形信息的调用，如果记录存在，调用成功显示信息；如果记录不存则调用不成功（大约3s退出）。

（11）音频源参数设置：按函数/音频键进入音频参数设置状态后才能进行设置。

开机后主函数输出信号为正弦波、频率1kHz、幅度3Vpp音频源的波形为正弦波。

（12）扫频模式：按扫频键，进入频率扫描工作状态，表示开始扫频，此时可以按数字键（0～9）和频率单位键（MHz/kHz/Hz）修改该频率。继续按右翻屏键，显示扫描时间，此时可以按数字键（0～9）和右翻屏键（时间单位）修改该扫描时间。

（13）旋转编码器使用：旋转编码器结合确认键起到快速调节数字量的作用。

在频率菜单或幅度菜单下，按左/右键调节数字输入键（旋转编码器）到需要改变某位数字的位置，按确认键进行位置确认，再需要增加数字时，向右调节旋转编码器，反之向左调节，达到需要数字时，按确认键进行数字确认。

（14）立体声模块设置：按复用键＋偏置开关键进入立体声模式，此时按方式键可以选择立体声模式。本机有四种调制方式：INT（内部双声道）、INTL（内部左声道）、INTR（内部右声道）、EXT（外部调制）。连续按方式键将在这些模块中切换。此时按频率键可以选择载波频率。选择时频道号会发生改变，同时载频值也会变化。

3. 使用注意事项

（1）仪器在使用时，应避免剧烈振动，仪器周围不应有产生热和电磁场的设备。

（2）仪器在接电源之前，应检查电源电压和频率是否符合规定。

（3）不要使阳光直接照射到数码管上，以保证读数清晰。

3.3　交流毫伏表

交流毫伏表是一种可以测量正弦波电压有效值的电压表，它具有输入阻抗高、测量频率范围宽、测量电压范围大、灵敏度高等优点。

3.3.1　毫伏表的分类及特点

按测量信号频率范围的不同，毫伏表可分为宽频毫伏表（又称视频毫伏表）和超高频毫伏表。常用的毫伏表是晶体管毫伏表，它具有灵敏度高、测量频率范围宽以及输入阻抗高等特点。

灵敏度反映了毫伏表测量微弱信号的能力，灵敏度越高，测量微弱信号的能力就越强，一般的毫伏表都能测量低至毫伏级的电压。

毫伏表是一种交流电压表，测量时与被测电路并联，输入阻抗越高，对被测电路的影响就越小，测得结果就越接近被测交流电压的实际值。一般毫伏表的输入阻抗可达几百千欧甚至几兆欧。

3.3.2　交流毫伏表的结构

交流毫伏表由指示电路、放大电路和检波电路三部分组成。

（1）指示电路。由于磁电式电流表具有灵敏度高、准确度高，刻度呈线性，受外磁场及温度的影响小等优点，在毫伏表中，磁电式微安表头被用作指示器，由表头指针的偏转指示出测量结果。

（2）放大电路。放大电路用于提高毫伏表的灵敏度，使得毫伏表能够测量微弱信号。毫伏表中所用到的放大电路有直流放大电路和交流放大电路两种，分别用于毫伏表的两种不同的电路结构中。

（3）检波电路。由于磁电式微安表头只能测量直流电流，因此在毫伏表中，必须通过各种形式的检波器将被测交流信号转换成直流信号，使变换得到的直流信号通过表头，才能用微安表头测量交流信号。

3.3.3 GVT - 417B 交流毫伏表

GVT - 417B 为一个通用交流电压表，可测量 $300\mu V\sim100V$（$10Hz\sim1MHz$）的交流电压。测量电压为 1V 时，相应分贝值为 0dB，在整个测量范围内，分贝值为 $-90dB\sim+41dB$，在 600Ω（1MW）时分贝值范围为 $-90dB\sim+43dB$。

1. 工作原理

GVT - 417B 交流伏毫表由输入衰减器、前置放大器、电子衰减器、主放大器、线性检波电器、输出放大器、电源及控制电路组成。

前置放大器是由高输入阻抗及低输出阻抗的复合放大器组成，由于采用低噪声器件及工艺措施，因此具有较小的本机噪声，输入端还具有过载保护功能。

电子衰减器由集成电路组成，受 CPU 控制，因此具有较高的可靠性及长期工作的稳定性。

主放大器由几级宽带低噪声、无相移放大电路组成，由于采用深度负反馈，因此电路稳定可靠。

线性检波电路是一个宽带线性检波电路，由于采用了特殊电路，使检波线性达到理想线性化。

控制电路采用数码开关和 CPU 结合控制的方式，来控制被测电压的输入量程，用指示灯指示量程范围，使人一目了然。当量程切换至最低或最高挡位，CPU 会发出报警声进行提示。

其他辅助电路还有开机关机表头保护电路，避免了开机和关机时表头指针受到的冲击。

2. 技术参数

（1）电压测量范围：$300\mu V\sim100V$ 分 12 挡。

（2）测量电压频率范围：$5Hz\sim2MH$。

（3）测量电平范围：$-70dB\sim+40dB$，相邻两挡相差 10dB。

（4）电压测量误差：$\pm3\%$（满度值）。

（5）频率影响误差：（$20Hz\sim20kHz$）$\pm3\%$，（$5Hz\sim1MHz$）$\pm5\%$，（$5Hz\sim2MHz$）$\pm10\%$。

（6）输入阻抗：在 1kHz 时，输入阻抗约 $2M\Omega$，输入电容不大于 20pF。

（7）电压准确度：（1kHz，满刻度）$\pm3\%$。

（8）最大输入电压：300V（$300\mu V\sim1V$ 挡位），500V（$3V\sim100V$ 挡位）。

（9）交流输出电压：0.1（$1\pm10\%$）V（rms）×挡位，1kHz（满刻度，无负载）。

（10）交流输出频率响应：$10Hz\sim1MHz$，$\leqslant3\%$（参考：1kHz，无负载）。

3. 面板作用和使用说明

（1）面板各部分的名称和作用。

GVT - 417B 交流毫伏表面板示意图如图 3 - 10 所示。

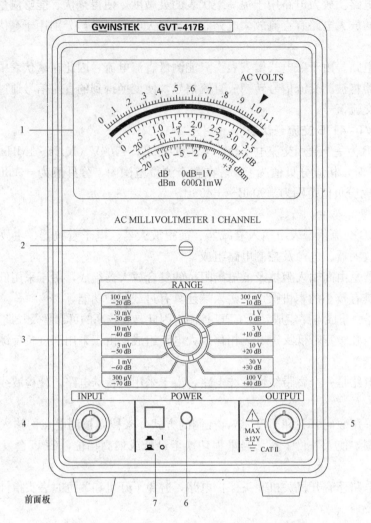

前面板

图 3-10　交流毫伏 GVT-417B 表面板示意图

1—表头：有两条电压刻度线和一条电平刻度线，分别供电压和电平读数之用。

2—机械零位调整：未接通电源时，调整电表的机械零点（一般不需要经常调整）。

3—量程旋钮：量程选择旋钮是用于选择测量范围（量程）的。各挡量程第二行中分贝（dB）数，是毫伏表作电平测量时读分贝（dB）数的。

4—输入接口：供输入信号测量。被测信号通过屏蔽同轴电缆接入。电缆芯线（红色）是高端（信号端），另一端（黑色）是低端（接地端）。低端是接仪器机壳的，所以测量时该端应与被测电路的公共地端连接在一起，否则仪器机壳引入的干扰会使被测电路的工作状态发生变化，测量结果不可靠。

5—输出接口：当此仪表用作前置放大器时，此接口输出信号。若挡位选择开关置于 100mV，输出电压将大约等于输入信号电压。若否，挡位选择开关置于相邻的高挡或低挡时，放大倍率减少或增加 10dB。

6—电源指示灯、电源开关：交流毫伏表的电源开关。

（2）使用说明。

1）通电前应检查表头指针是否指在零点，若有偏差，可进行机械调零（机械零点不需要经常调整）。

2）接通电源，按下电源开关，各挡位发光二极管全亮，然后自左至右依次轮流检测，检测完毕后停止于 300V 挡指示，并自动将量程置于 300V 挡。

3）通电后应调电气零点。方法是将输入线的两端加在一起，如表针不指在零点，则调节调零旋钮，使指针指在零点。

4）根据被测电压的大小，选择适当的测量范围。若不知被测电压的可知范围，应将测量范围置最大挡，然后逐渐减小，直至指针偏转至满量程的 1/2 以上。

5）连接测试线时，毫伏表的接地线（一般为黑夹子）应与被测电路的公共地端相连。测量时，应先接上地线，然后连接另一端。测量完毕时，应先断开信号端，后断开接地端，以免因感应电压过大而损坏仪表。

6）小信号测量时，先把量程置于较大挡，接好线后，再调至适当位置。

7）正确读数。应待指针稳定后两眼正对指针来读数，如刻度盘带有反光镜时，应使眼睛、指针和指针在镜内的影像成为一条直线后再读取。

8）毫伏表读数时，要根据所选择的量程来确定从哪一条刻度线读数。若所选量程是以数字"1"开头，则选择第一条刻度线读数；若所选量程是以数字"3"开头，则选择第二条刻度线读数。

（3）使用前注意事项。

1）底座接地端。在连接电源之前，保证底座接地端接地。

2）最大输入电压。

如果输入电压超过指定电压，会损坏电压表，指定电压由输入信号的峰值和叠加直流电压决定：电压为 $0\sim300\mu V$ 时，最大输入电压为 300V；电压为 $3\sim100V$ 时，最大输入电压为 500V。

3）连接线。

当测量信号电压很低（例如 $300\mu V$）或测量信号源阻抗很高，输入线易受外部噪声影响，为了抑制噪声，需根据噪声频率，选择屏蔽线或同轴线。

4）满刻度。

GVT‑417B 毫伏表采用了延长刻度，使读值范围大于传统的满刻度。

3.4　直流稳压电源

直流稳压电源是电子电路实验的能源来源，在实验过程中是必不可少的。电源的质量在一定程度上决定了实验电路的可靠性及测量结果的准确度。在众多类型的电源中，直流稳压电源是应用最广泛的一类。

3.4.1　直流稳压电源的分类

直流稳压电源的种类繁多，工作原理相差较大，可从不同的角度进行分类。按照电路的稳压方式，直流稳压电源可分为参数稳压器和反馈调整型稳压器。参数稳压器电路结构简单，主要利用元器件的非线性实现稳压，如可利用一个电阻和一个稳压二极管构成参数稳压器。反馈调整型稳压器是一个闭环的负反馈系统，它利用输出电压的变化，经取样、比较、放大后得到控制电压，控制相应的调整元件，达到最终稳定输出电压的目的。

根据电路中调整元件的工作状态，直流稳压电源可分为线性稳压电路和开关稳压电路。调整元件工作在线性放大区的称为线性稳压电路，调整元件工作在开关状态的则称为开关稳压电路。

此外，直流稳压电源还可以根据主要部件是集成电路还是分立元件，分成集成线性稳压器、集成开关稳压器以及分立元件构成的稳压器等。

3.4.2　DF1733SC 直流稳压电源

DF1733SC 直流稳压电源是由两路可调输出电源和一路固定输出电源组成的高准确度电源。其中两路可调输出电源具有稳压与稳流自动转换功能，其电路由调整管功率损耗控制电路、运算放大器和带有温度补偿的基准稳压器等组成。因此电路稳定可靠，电源输出电压能在 0～30V 任意调整，在稳流状态时，稳流输出电流能在 0～3A 连续可调。两路可调输出电源间又可以任意进行串联或并联，在串联和并联的同时又可由一路主电源进行电压或电流（并联时）跟踪。串联时最高输出电压可达两路电压额定值之和，并联时最大输出电流可达两路电流额定值之和。另一路固定输出 5V 电源，控制部分由单片集成稳压器组成。三组电源均具有可靠的过载保护功能，输出过载或短路都不会损坏电源。

1. 技术参数

（1）输入电压：AC220（1±10％）V，（50±2）Hz。

（2）输出电压：双路 0～30V 可调，固定输出电压 5V。

（3）输出电流：双路 0～3A 可调。

（4）负载效应：不大于（1×10⁻⁴＋2）mV（额定电流不大于 3A）。

（5）纹波与噪声：不大于 1.5mV（rms）（额定电流不大于 10A）。

（6）保护：电流限制保护（1～3A 可调）。

（7）指示表头：电压表和电流准确度 2.5 级。

2. 使用说明

DF1733SC 型直流稳压电源面板示意图如图 3-11 所示。

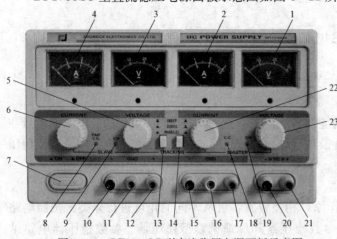

1、2—电表：指示从路输出电压、电流值。

3、4—电表：指示主路输出电压、电流值。

5—主路输出电压调节旋钮：调节输出电压值。

6—主路输出电流调节旋钮：调节输出电流值。

7—电源开关：开关被按下置于"ON"时，机器处于"开"状态，此时稳压稳流指示灯亮，反之机器处于"关"状态。

图 3-11　DF1733SC 型直流稳压电源面板示意图

8—从路稳流状态或两路电源并联状态指示灯：当从路电源处于稳流工作状态时或两路电源处于并联状态时，此指示灯亮。

9—从路稳压状态指示灯：当从路电源处于稳压工作状态时，此指示灯亮。

10—从路直流输出负极接线柱：输出电压的负极接负载负端。

11—机壳接地端：机壳接大地。

12—从路直流输出正极接线柱：输出电压的正极接负载正端。

13、14—两路电源独立、串联、并联控制开关。

15～19—类似 10～14 控制从路。

20、21—固定 5V 直流电源输出。

22—从路输出电压调节旋钮：调节输出电压值。

23—从路输出电流调节旋钮：调节输出电流值。

3. 使用注意事项

（1）根据所需要的电压，先调整限流保护旋钮设立保护点，再调整电压调整旋钮，使输出电压达到所需要的电压值。

（2）调整到所需要的电压后，再接入负载。

（3）在使用过程中，如果需要调整电压，应先断开负载，待输出电压调到所需要的值后，再将负载接入。

（4）在使用过程中，因负载短路或过载引起保护时，应首先断开负载，待排除故障后再接入负载。

（5）每一路都有红、黑、绿三个输出端子，红端子表示"＋"，黑端子表示"－"，绿端子表示接地，即该端子接机壳，与每一路输出没有电气联系，仅作为安全线使用。

3.5　万　用　表

万用表是一种多用途、多量程的便携式仪器，它可以进行交、直流电压和电流以及电阻等多种电量的测量。有些比较高级的万用表，除了可测量电压和电流外，还可进行功率、电平（单位 dB）、电容、电感与晶体管的电流放大系数等项目的测量，每种测量项目又可以有多个测量量程，它的用途非常广泛。

万用表分为模拟指针式万用表和数字式万用表两种。

3.5.1　模拟指针式万用表

模拟指针式万用表的指针偏转角度随时间连续变化，并与输入量保持一种对应关系，因此，也称为模拟式万用表。这是一种将被测电量（电压、电流、电阻等）转换成直流电流信号，使磁电式表头的指针偏转某一角度，从而指示被测电量的仪表。

模拟指针式万用表一般由表头、测量线路和转换开关三部分组成。表头都是采用磁电式测量机构，其满标度偏转电流一般为几微安到几百微安，全偏转电流越小，灵敏度越高。测量线路实际上由多量程直流电流表、多量程直流电压表、多量程整流式交流电压表和多量程欧姆表等几种线路组合而成。转换开关内有固定触点和活动触点，当固定触点和活动触点闭合时可以接通电路。

　　1. 模拟指针式万用表的结构

　　模拟指针式万用表由微安表头、测量线路及相应量程的转换开关构成。

　　(1) 表头。万用表的表头一般采用磁电系测量机构，并以该机构的满标度偏转电流表示万用表的灵敏度。满标度偏转电流越小，表头的灵敏度就越高，测量电压时表的内阻也越大。由于万用表是多用途仪器，测量各种不同电量时都合用一个表头，所以在标度盘上有多条标度尺，使用时可根据不同的测量对象进行相应的读数。

　　(2) 测量线路。测量线路是万用表的关键部分，其作用是将各种不同的被测电量转换成磁电系表头所能接受的直流电流。一般万用表包括多量程直流电流表、多量程直流电压表、多量程交流电压表、多量程欧姆表等几种测量线路。测量范围越广，测量线路就越复杂。

　　(3) 转换开关。转换开关用于选择万用表的测量种类及其量程。转换开关内有固定触点和活动触点。转换开关转到某一位置时，活动触点就和某个固定触点闭合，从而接通相应的测量线路。一般地，转换开关的按钮都安装在万用表的面板上，操作很方便。

　　2. 模拟指针式万用表的使用方法

　　(1) 测量电阻：测量之前要将两个表笔的探针短接在一起，此时，万用表的指针应指在电阻标度尺的零刻度处。若不指零，可调节调零旋钮使其为零。要注意的是，每变换一次电阻量程，都应重新调零。在测量电阻时，两手不能同时接触电阻和探针，否则测量的电阻值会不准确。测量在线电阻时，应将电阻的一端焊开进行测量。为了提高测量准确度，在测量电阻时，选择量程应尽量使表针指在标度尺中间的位置。

　　(2) 测量电压：测量交直流电压时，首先选择好量程，然后将万用表通过表笔并联到电路中，但测直流电压时，红色表笔（接万用表标有"＋"插孔）要接触高电位点，黑色表笔（接万用表标有"－"插孔）接触低电位点，而测交流电压则无此要求。测量交直流电压时要注意量程的选择，一般是先将量程选到最大，然后，根据测量情况进行调整，指针偏转达满标度的 3/4 为宜。

　　测量交流电压时还要注意：被测电压应为正弦波，所测波形与正弦波相差越大，测量误差也越大；被测电压的频率应符合万用表的要求，一般在 45Hz～1kHz；万用表测的是交流电压的有效值；若被测电压中含有交直流成分而只测交流成分时，应在表笔探针上接一个耐压 400V 以上的 0.1μF 左右的电容。

　　(3) 测量电流：测量电流时应将表笔串入被测电路中，电流应从红表笔进去，黑表笔出来。测量时也是先选用最大量程，再根据情况选择适当的量程进行测量。

　　使用注意事项如下：

　　(1) 禁止用电流挡或电阻挡去测量电压，否则会烧毁表头。

　　(2) 在测量电压的过程中，不得转换量程的挡位，严禁测高压时拨动量程开关，应养成单手操作的习惯。

　　(3) 若万用表长期不用，应将表内电池取出；测量完毕后，应将量程开关拨至最高电压量程挡。

3.5.2　数字式万用表

　　数字式万用表是采用数字化测量技术，将被测电量转换成电压信号，并以数字方式显示被测电量的一种仪表。这种仪表的优点是准确度高、输入阻抗高、功能齐全、显示直观、可靠性高、过载能力强、小巧轻便等。数字式万用表常用的有三位半和四位半两种显示方式，这里以 VC97 数字式万用表为例说明其使用方法与注意事项。

VC97 数字式万用表是一种性能稳定、高可靠性的 3/4 位数字万用表。仪表采用 23mm 字高 LCD 显示器，读数清晰，可以测量直流电压、交流电压、直流电流、交流电流、电阻、电容、频率、温度、占空比、三极管 h_{FE} 参数、二极管及通断测试；同时还设计有单位符号显示、数据保持、相对值测量自动/手动量程转换、自动断电及报警功能。整机采用了一个能直接驱动 LCD 的 4 位微处理器和双积分 A/D 转换集成电路，一个提供高分辨率、高准确度的数字显示驱动。该表功能齐全、测量准确度高，使用方便，其面板结构如图 3 - 12 所示。

1. 面板结构及各部分功能

1—液晶显示器：显示仪表测量的数值及单位。

2—功能键：

(1) HOLD 键：按此功能键，仪表当前所测数值保持在液晶显示器上，显示器出现"HOLD"符号，再按一次，退出保持状态。

(2) REL 键：按下此功能键，读数清零，进入相对值测量。显示器出现"REL"符号，再按一次，退出相对值测量。

(3) Hz/DUTY 键：测量交直流电压（电流）时，按此功能键，可切换频率/占空比/电压（电流）。测量频率时切换频率/占空比（1%～99%）。

(4) ～/－键：选择 AC 和 DC 工作方式。

(5) RANGE 键：选择自动量程或手动量程工作方式。仪表起始为自动量程状态，显示"AUTO"符号，按此功能转为手动量程，按一次增加一挡，由低到高依次循环。持续按下此键长于 2s，回到自动量程状态。

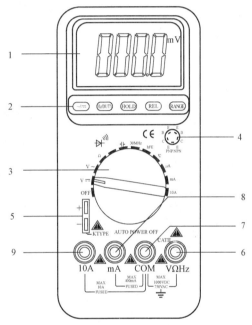

图 3 - 12 VC97 数字式万用表面板结构

3—旋钮开关：用于改变测量功能及量程。

4—h_{FE} 测试插座：用于测量晶体三极管放大倍数的数值大小。

5—温度插座。

6—电压、电容、电阻、频率插座。

7—公共地。

8—小于 400mA 电流测试插座。

9—小于 10A 电流测试插座。

2. 主要技术参数

(1) 显示方式：液晶显示。

(2) 最大显示：3999，$3\frac{3}{4}$ 位自动极性显示和单位显示。

(3) 采样速率：约 3 次/s。

(4) 低电压显示："凸"符号出现。

(5) 过量程显示：显示"OL"。

(6) 工作环境：0～40℃，相对湿度：<80%。

(7) 储存环境：−10～50℃，相对湿度：<80%。

(8) 电源：两节1.5V电池（"AAA"7号电池）。

主要技术参数见表3-2所示。

表3-2 主 要 技 术 参 数

测量名称	量 程	分辨率	准确度	过载保护	说 明
直流电压	400mV	0.1mV	±（0.5%+4d）	1000V直流或交流峰值	输入阻抗 400mV，量程大于40MΩ，其余输入阻抗为10MΩ
	4V	1mV			
	40V	10mV			
	400V	100mV			
	1000V	1V	±（1.0%+4d）		
交流电压	400mV	0.1mV	±（1.5%+6d）	1000V直流或交流峰值	输入阻抗 400mV，量程大于40MΩ，其余输入阻抗为10MΩ
	4V	1mV	±（0.8%+6d）		
	40V	10mV			
	400V	100mV			
	750V	1V	±（1.0%+6d）		
直流电流	400μA	0.1μA	±（0.8%+6d）	0.5A/250V熔丝 10A/250V熔丝	最大输入电流10A （不超过15s）
	4000uA	1μA			
	40mA	10μA			
	400mA	100μA			
	10A	10mA	±（1.2%+10d）		
交流电流	400μA	0.1μA	±（1.0%+6d）	0.5A/250V熔丝 10A/250V熔丝	最大输入电流10A （不超过15s）
	4000uA	1μA			
	40mA	10μA			
	400mA	100μA			
	10A	10mA	±（2.0%+15d）		
电阻	400Ω	0.1Ω	±（0.8%+5d）	250V直流或交流峰值	开路电压：3V 在使用400Ω量程时，应先将表笔短路，测得引线电阻，然后在实测中减去
	4kΩ	1Ω	±（0.8%+4d）		
	40kΩ	10Ω			
	400kΩ	100Ω			
	4MΩ	1kΩ			
	40MΩ	10kΩ	±（1.2%+5d）		
电容	4nF	1pF	±（3.5%+8d）	250V直流或交流峰值	
	40nF	10pF			
	400nF	100pF			
	4μF	1nF			
	40μF	10nF			
	200μF	100nF	±（5.0%+8d）		

续表

测量名称	量　程	分辨率	准确度	过载保护	说　明
频率	100Hz	0.01Hz	±（0.5%＋4d）	250V 直流或交流峰值	输入灵敏度 0.7V
	1000Hz	0.1Hz			
	10kHz	1Hz			
	100kHz	10Hz			
	1MHz	100Hz			
	30MHz	1kHz			
晶体管 h_{EF}	NPN 或 PNP	显示值：0～1000		基极电流约 15mA，U_{CE} 约为 1.5V	
二极管	▷		显示值：二极管正向压降		正向直流电流约 0.5mA，反向电压约 1.5V
	·))	蜂鸣器发声长响，测试两点电阻值小于 50Ω		开路电压约 0.5V	
温度	－40～1000℃	显示值：<400℃±（0.8%＋4d）　≥400℃±（1.5%＋15d）		测试条件：1℃	

3. 数字式万用表的使用方法

（1）交直流电压测量。

1）将黑表笔插入 COM 插孔，红表笔插入 VΩHz 插孔。

2）将功能开关置于 V～或 V⚌挡。

3）仪表起始为自动量程状态，显示"AUTO"符号，按 RANGE 键转为手动量程方式，可选 400mV、4V、40V、400V、750V（直流 1000V）量程。

4）将测试表笔接触测试点，（交流）表笔所接的两点电压显示在屏幕上；（直流）红表笔所接的该点电压与极性将同时显示在屏幕上。

注意事项：手动量程方式，如 LCD 显示"OL"，表明已超过量程范围须按 RANGE 键至高一挡；测量电压切勿超过交流 750V，如超过，则有损坏仪表电路的危险；当测量高电压电路时，千万注意避免触及高压电路。

（2）交直流电流测量。

1）将黑表笔插入 COM 插孔，红表笔插入 mA（最大为 400mA）或 10A（最大为 10A）插孔中。

2）将功能开关转至电流挡，按动～/⚌键选择 AC 或 DC 测量方式，然后将仪表的表笔串入被测电路中，被测电流值显示在屏幕上（直流红色表笔点的电流极性将同时显示在屏幕上）。

注意事项：如果事先对被测电流范围未知，应将量程开关转到最高的挡位，然后根据显示值转至相应的挡位上。如 LCD 显示"OL"，表明已超过量程范围，须将量程开关转至高一挡。最大输入电流为 4mA 或者 10A（视红表笔插入位置而定），过大的电流将会使熔丝熔断，甚至会损坏仪表。

（3）电阻测量。

1）将黑表笔插入 COM 插孔，红表笔插入 VΩHz 插孔。

2）将功能开关置于所需的 Ω 挡，测试表笔跨接在被测电阻两端。

3）如果测量阻值小的电阻，应先将表笔短路，按 REL 键一次，然后再测未知电阻，这样才能显示电阻的实际阻值。

注意事项：使用手动量程测量方式时，如果事先对被测电阻范围未知，应将量程开关转到最高的挡位。如 LCD 显示"OL"，表明已超过量程范围，须将量程开关转至高一挡。当测量电阻在 1MΩ 以上时，读数需几秒时间后才能稳定，这在测量高电阻时属于正常现象。测量在线电阻时，需确认被测电路已断开电源，同时电容已被放电，才能进行测量。绝对禁止用电阻挡测量电压。

（4）电容测量。

1）将功能开关转至所需电容挡。

2）按一次 REL 键清零。

3）将黑表笔插入 COM 插孔，红表笔插入 VΩHz 插孔，被测电容接到红黑表笔两端。对于电解电容等要注意极性。屏幕将显示电容容量。

4）测量大于 $40\mu F$ 的电容时，需 15s 才能稳定。

注意事项：每次测试前必须按一次 REL 键清零，才能保证测量准确度；电容挡仅有动量程工作方式；须先对被测电容应完全放电，然后再进行测量，以防止损坏仪器。

（5）温度测量。将功能开关转至"℃"挡，热电偶传感器的冷端（自由端）插入温度插孔中（红表笔插入 VΩHz 插孔，黑表笔插入 COM 插孔），热电耦传感器的工作端（测量端）置于待测物体表面或内部，可直接从显示器上读取温度。读数为摄氏度。

注意事项：当输入端开路时，显示常温。请勿随意更换测量传感器，否则将不能保证测量准确度。严禁在温度挡输入电压。

（6）频率测量。

1）将表笔或屏蔽电缆接入 COM、VΩHz 输入端。

2）将功能开关转至"Hz"挡，将表笔或电缆跨接在信号源或被测负载。

3）按 Hz/DUTY 键切换频率/占空比，显示被测信号的频率或占空比读数。

注意事项：输入超过 10V 交流有效值时可以读数，但可能超出技术指标；在噪声环境下，测量小信号时最好使用屏蔽电缆；在测量高电压电路时，千万不要触及高压电路；禁止输入超过 250V 直流或交流峰值的电压值，以免损坏仪表。

（7）二极管测量。

1）将黑表笔插入 COM 插孔，红表笔插入 VΩHz 插孔（注意红表笔极性为"＋"）。

2）将功能开关转至"▷⊢"挡。

3）正向测量：将红表笔接到被测二极管正极，黑表笔接到二极管负极，显示器显示为二极管正向压降的近似值。

4）反向测量：将红表笔接到被测二极管负极，黑表笔接到二极管正极，显示器显示"OL"。

注意事项：请勿在二极管挡输入电压。

（8）三极管 h_{FE} 测量。

1）将旋钮置于 h_{FE} 挡。

2）先确定三极管是 PNP 型还是 NPN 型，然后再将被测三极管的 e、b、c 分别插入与面板对应的三极管插孔内。

3）显示器显示三极管放大倍数的近似值。

（9）通断测试。

1）将黑表笔插入 COM 插孔，红表笔插入 VΩHz 插孔。

2）将功能开关转至"·))"挡。

3）将表笔连接到待测线路的两点，如果电阻值低于约 50Ω，则内置蜂鸣器发声。

4．使用注意事项

（1）测量前，要检查表笔是否可靠接触、是否正确连接、是否绝缘良好等以避免电击。

（2）测量时，请勿输入超过规定的极限值，以防电击和损坏仪表。

（3）在测量高于 60V 直流电压、40V 交流电压时，应小心谨慎，防止触电。

（4）选择正确的功能，谨防误操作！

（5）转换功能时，表笔要离开测试点。

（6）不允许表笔插在电流端子去测量电压！

（7）请不要随意改变仪表线路，以免损坏仪表和危及安全。

（8）安全符号说明：⚠存在危险电压；⏚接地；▣双绝缘；⚠操作者必须参阅说明书；低电压符号。

第2篇 电子技术基础实验

第4章 模拟电子技术实验

4.1 常用电子仪器的使用

4.1.1 实验目的

（1）掌握双踪示波器、函数信号发生器、直流稳压电源、交流毫伏表及万用表等常用仪器的正确使用方法。

（2）掌握电子技术实验中基本电量的测量方法，初步掌握用示波器观察信号波形和测量波形参数的方法。

4.1.2 实验设备

万用表、稳压电源、函数信号发生器、交流毫伏表和示波器。

4.1.3 实验原理

在模拟电子电路实验中，经常使用的电子仪器有示波器、函数信号发生器、直流稳压电源、交流毫伏表等。它们和万用表一起，可以完成对模拟电子电路的静态和动态工作情况的测试。

实验中要综合使用各种电子仪器，仪器的摆放可按照信号流向，以连线便捷、调节顺手、观察与读数方便等为原则进行合理布局。常用实验仪器的相互关系如图 4-1 所示。

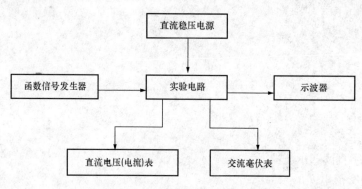

图 4-1 常用实验仪器的相互关系

（1）直流稳压电源：为实验电路提供能量。

（2）函数信号发生器：为电路提供频率、幅值可调的各种周期性输入信号（如正弦波、方波、三角波等）。

（3）示波器：用于观察电路中各点的波形，监视电路是否工作正常；同时还可用于定量测量波形的周期、频率、幅值及相位等。

（4）直流电压（电流）表：用于对电路静态工作状态参数的测量以及对直流信号的测量。

（5）交流毫伏表：用于测量电路交流输入、输出信号的有效值。

在模拟电子电路的测量中，被测电压是电路基本参数之一。许多电路参数，如电压放大倍数、频率特性、电流、功率等的测量与计算都以电压的测量为基础；各种电路工作状态，如饱和、截止等，通常都以电压的形式反映出来。因此，电压的测量在模拟电子技术实验中是必不可少的。

电子电路中电压测量的特点：

（1）频率范围宽。电子电路中电压的频率可以在直流零到数百兆赫范围内变化。

（2）电压范围广。电子电路中，电压的范围由微伏级到千伏以上高压，对于不同的电压挡级必须采用不同的电压表进行测量。

（3）存在非正弦量电压。被测信号除了正弦电压外，还有大量的非正弦电压。

（4）交、直流电压并存。被测的电压中常常是交、直流并存，甚至还夹杂有噪声干扰等成分。

（5）要求测量仪器有高输入阻抗。由于电子电路一般是高阻抗电路，为了使仪器对被测电路的影响减至足够小，要求测量仪器有更高的输入电阻。

综上所述，在电子电路中应根据被测电压的波形、频率、幅度和等效内阻，针对不同的测量对象采用不同的测量方法。

（1）直流电压的测量。直流电压可利用直流电压表或万用表进行测量。测量时应注意电压极性和量程挡位的选择。

（2）正弦交流电压的测量。实验中对正弦交流电压的测量，一般测量其有效值，特殊情况下才测量峰值。测量前应根据待测量电压的频率范围，选择合适的测量仪器和方法。实验室中常用毫伏表来测量正弦交流电压，它将被测信号经过放大后再检波（或先将被测信号检波后再放大）变换成直流电压，推动微安表头，由表头指针指示出被测电压的大小。因此，这类电压表的输入阻抗高，量程范围广，使用频率范围宽。

一般模拟式电子电压表的金属机壳为接地端，另一端为被测信号输入端。因此，这种表一般只能测量电路中各点对地的交流电压，不能直接测量任意两点间的电压，实验中应特别注意。为了防止因过载而损坏，测量前一般先把量程开关置于量程最大位置处，然后在测量中逐挡减小量程。

（3）用示波器测量交流电压。用示波器测量交流电压具有速度快的优点，能测量各种波形的电压及瞬时电压等。此外，它还能测量电压波形上任意两点间的电压差，并且能同时测量直流电压和交流电压。但是用示波器测量电压也存在不足，主要缺点是误差较大，一般可达5%～10%。现代数字直读式示波器，由于采用了先进的数字技术，误差可减小到1%以下。

示波器测量交流电压的原理及方法在3.1节中已经详细介绍，这里不再赘述。

4.1.4　实验内容

1. 直流稳压电源的使用

（1）打开电源开关，调整电压调节旋钮，使主路电源输出分别为3，10，25V。用万用表的"直流电压"挡分别测量输出电压值（注意选择挡位），并将测量值记录在表4-1中。

（2）调整从路电压调节旋钮，使从路电源输出为3，10，25V，用万用表"直流电压"挡分别测量输出电压值，并记录在表4-1中。

表4-1　直流电压测量表

直流稳压电源输出	3V	10V	25V
万用表测主路输出			
万用表测从路输出			

2. 函数信号发生器与交流毫伏表的使用

在测量前，交流毫伏表量程应选择最大量程，以避免表头过载而打弯指针。测量时，根据所测信号大小选择合适的量程。为了减小误差，要求交流毫伏表指针位于满刻度的 1/3 以上，当交流毫伏表接入被测信号电压时，一般应先接地线（黑色），再接信号线（红色）。

表 4 - 2　　　　　　交流电压测量表

函数信号发生器输出电压	交流毫伏表有效值
5mV	
50mV	
500mV	
5V	

将函数信号发生器波形选择键调至正弦波形输出，然后用频率调节挡位按钮和微调旋钮配合使用，调至输出频率 $f = 1$kHz。调节电压输出调节按钮，使其输出电压峰 - 峰值分别为 5，50，500mV 和 5V。用交流毫伏表测量其输出电压值，并记录在表 4 - 2 中。

3. 用示波器观察正弦电压波形

（1）了解示波器各控制旋钮的位置及其作用。按下电源开关按钮，将示波器触发方式选择自动设置按钮按下，即选择自动扫描方式。使示波器显示屏上显示出黄蓝两条亮度适中、清晰均匀光滑而纤细的扫描线。

将信号发生器输出电压调至最小，并接至示波器输入端，调节信号发生器的电压输出旋钮，使示波器的显示屏上显示出信号波形。分别调节示波器的垂直系统和水平扫描系统的各旋钮，体会这些旋钮的作用以及对输入信号波形的形状和稳定性的影响。分别改变信号的幅值和频率，重复调节并加以体会（参照 3.1 节 GDS－1102A－U 示波器的使用说明）。

（2）测量交流信号的电压。调节函数信号发生器使其分别输出频率为 $f = 500$Hz、电压峰 - 峰值为 1V 及频率 $f = 1$kHz、电压峰 - 峰值为 2V 时的正弦信号。接入示波器的输入 CH1 通道（或 CH2 通道），并按自动设置键使其有稳定的波形输出。按下光标按键选择 ΔV 测量方式（电压差测量）屏幕上显示出两条水平的、测量垂直方向的光标 C_1，C_2。按 Y1 或 Y2 键选择 V - TRACK（光标跟踪方式），转动过功能控制旋钮调整光标位置，使光标 C_1 处于波形最低处，光标 C_2 处于波形最高处，则 Y1Y1 为被测信号的峰 - 峰值。分别用示波器和毫伏表进行测量，将测量数据填入表 4 - 3 中。

表 4 - 3　　　　　　　　　　交流电压及周期和频率的测量

信号发生器输出信号		示波器观察及测量值				
频率（Hz）	电压（V）	通道选择	电压 V（p - p）	周期（ms）	频率（Hz）	电压（V）（有效值）
500	1					
1000	2					

（3）测量交流信号的周期。按下光标按键选择 X 测量方式，屏幕显示两条竖直的、水平方向测量光标 C_1、C_2。用与电压测量类似的操作方法调节竖直光标，使光标 C_1，C_2 之间恰好显示出一个周期波形，此时屏幕显示 X1，X2 的 Δt 的值即为信号的周期。按照表 4 - 3 要求输入信号，并进行测量，同时将测量数据填入表 4 - 3 中。

（4）测量交流信号的频率。示波器屏幕下方右侧为 7 位频率计，显示的值为 CH1 或 CH2 输入信号频率。

4.1.5　实验讨论

（1）若已有信号接到示波器输入端，但示波器荧光屏并无显示，可能的原因有哪些？

（2）如果示波器的显示不稳定，可能的原因有哪些？怎样调整才能使波形稳定？

4.2 单管低频放大器

4.2.1 实验目的
（1）掌握基本放大器与工作点稳定电路静态工作点的调整和测量方法。
（2）掌握测量放大器的电压放大倍数、输入/输出电阻的方法。
（3）定性了解静态工作点对放大器输出波形的影响。

4.2.2 实验设备
双踪示波器、函数信号发生器、万用表、模拟电子实验箱和实验电路板。

4.2.3 实验原理
单管放大器实验电路板如图4-2所示，通过改换插头连线可组成基本放大电路、工作
点稳定电路（分压式电流负反馈电路）
和射极输出器电路等。

放大器的测量和调试一般包括静
态工作点的调试与测量，消除干扰与
自激振荡及放大器各项动态参数的调
试与测量等。

1. 放大器静态工作点的测量

（1）静态工作点的测量。测量放
大器的静态工作点，应在输入信号$u_i=0$的情况下进行，即先将放大器输入端
与地端短接，然后选用万用表合适的

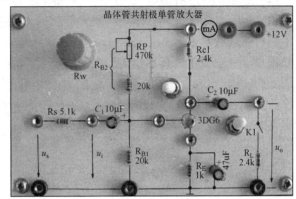

图4-2 单管放大器实验电路板

量程分别测量三极管的集电极电流 I_C 以及各电极对地的电位 U_B、U_C 和 U_E。实验中，为了
避免断开集电极，采用测量电压 U_E 或 U_C，然后算出 I_C 的方法。

在图4-3所示电路中，当流过偏置电阻 R_{B1} 和 R_{B2} 的电流远大于晶体管 VT 的基极电流
I_B 时（一般为5~10倍），它的静态工作点估算公式为

$$U_B \approx \frac{R_{B1}}{R_{B1}+R_{B2}}V_{CC} \qquad (4-1)$$

$$I_E \approx \frac{U_B-U_{BE}}{R_E} \approx I_C \qquad (4-2)$$

$$U_{CE} = V_{CC}-I_C(R_C+R_E) \qquad (4-3)$$

在图4-4所示电路中，静态工作点估算公式为

$$I_B = \frac{V_{CC}-U_{BE}}{R_B} \qquad (4-4)$$

$$I_C = \beta I_B \qquad (4-5)$$

$$U_{CE} = V_{CC}-I_C R_E \qquad (4-6)$$

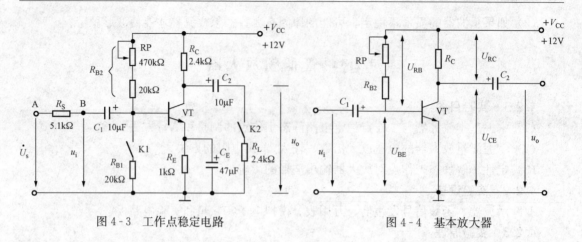

图 4-3　工作点稳定电路　　　　　　　　　图 4-4　基本放大器

（2）静态工作点对输出波形的影响。静态工作点是否合适，对放大器的性能和输出波形都有很大影响。如果工作点偏高，放大器在加入交流信号以后易产生饱和失真，此时 u_o 的负半周将被削底，如图 4-5（a）所示；如果工作点偏低，则易产生截止失真，即 u_o 的正半周被缩顶（一般截止失真不如饱和失真明显），如图 4-5（b）所示。这些情况都不符合不失真放大的要求。

改变电路参数 V_{CC}、R_C、R_B（R_{B1}、R_{B2}）都会引起静态工作点的变化，如图 4-6 所示。但通常多采用调节偏置电阻 R_{B2} 的方法来改变静态工作点，如减小 R_{B2}，则可使静态工作点提高等。

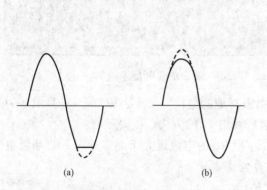

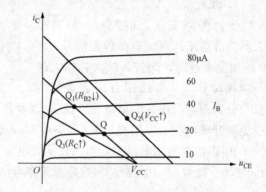

图 4-5　静态工作点对 u_o 波形失真的影响　　　　图 4-6　电路参数对静态工作点的影响
（a）饱和失真；（b）截止失真

最后还要说明的是，上面所说的工作点"偏高"或"偏低"不是绝对的，而是相对信号的幅度而言，如输入信号幅度很小，即使工作点较高或较低也不一定会出现失真。所以确切地说，产生波形失真是信号幅度与静态工作点设置配合不当所致。如需满足较大信号幅度的要求，静态工作点最好尽量靠近交流负载线的中点。

2. 放大器动态指标测试

放大器动态指标包括电压放大倍数、输入电阻、输出电阻等。

（1）电压放大倍数 A_u 的测量。调整放大器到合适的静态工作点，然后加入输入电压 u_i，在输出电压 u_o 不失真的情况下，用交流毫伏表测出 u_i 和 u_o 的有效值 U_i 和 U_o，则可得到电压放大倍数 A_u 为

$$A_u = \frac{U_o}{U_i} \quad\quad (4-7)$$

（2）输入电阻 R_i 的测量。为了测量放大器的输入电阻，按图 4-7 所示电路在被测放大器的输入端与信号源之间串入一已知电阻 R_S，在放大器正常工作的情况下，用交流毫伏表测出 U_S 和 U_i，则根据输入电阻的定义可得

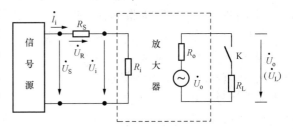

图 4-7　输入、输出电阻测量电路

$$R_i = \frac{U_i}{I_i} = \frac{U_i}{U_S - U_i} R_S \quad\quad (4-8)$$

测量时应注意下列几点：

1）由于电阻 R_S 两端没有电路公共接地点，所以测量 R_S 两端电压 U_R 时必须先分别测出 U_S 和 U_i，然后按 $U_R = U_S - U_i$ 求出 U_R 值。

2）电阻 R_S 的值不宜取得过大或过小，以免产生较大的测量误差，通常取 R_S 与 R_i 为同一数量级为好，本实验可取 $R_S = 1 \sim 2\text{k}\Omega$。

（3）输出电阻 R_o 的测量。在放大器正常工作条件下，测出输出端不接负载 R_L 时的输出电压 U_o 和接入负载后的输出电压 U_L，根据

$$U_L = \frac{R_L}{R_o + R_L} U_o \quad\quad (4-9)$$

即可求出

$$R_o = \left(\frac{U_o}{U_L} - 1\right) R_L \quad\quad (4-10)$$

在测试中应注意，必须保持 R_L 接入前后输入信号的大小不变。

4.2.4　实验内容

1. 基本放大电路的测试

把电路按图 4-4 接成基本放大器的形式。选择实验箱上的直流电源输出为 +12V 的插孔，用导线接至电路板的 V_{CC} 插孔，并用导线把实验箱上接地插孔与电路板接地插孔连接。

（1）测量静态工作点。接通电源前检查电路接线是否正确，经检查无误后打开电源开关，接通 +12V 电源，调节 RP 的阻值使 $U_{CE} = 6\text{V}$，用万用表直流电压挡测量 U_{BEQ}、U_{CEQ}、U_{RC} 的值，并记入表 4-4 中。

（2）测量电压放大倍数。调节函数信号发生器，使其输出频率 $f = 1\text{kHz}$，有效值 $U_i = 10\text{mV}$（用交流毫伏表测量）的正弦信号 u_i 加到电路输入端，用交流毫伏表测量放大电路空载 $R_L = \infty$ 及带负载 $R_L = 2.4\text{k}\Omega$ 时的输出电压 u_o，记入表 4-5 中。

表 4-4	静态工作点的测量		
测量值			计算值
U_{BEQ}（V）	U_{CEQ}（V）	U_{RC}（V）	$I_C = \dfrac{U_{RC}}{R_C}$

表 4-5	电压放大倍数的测量	
电路名称	基本放大电路	
测试项目	$R_L = \infty$	$R_L = 2.4\text{k}\Omega$
输入电压（mV）		
输出电压（mV）		
电压放大倍数 A_u		

（3）观察由于静态工作点选择不合适对输出波形的影响。断开负载，使 $U_i = 10\text{mV}$。调节 RP 的阻值使其减小，观察输出波形出现失真，绘出此时的 u_o 波形。断开输入信号，并用万用表测量 U_{CE} 的值，判断是什么失真，并将数据记入表 4 - 6 中。

断开负载，使 $U_i = 10\text{mV}$。调节 RP 的阻值使其增大，观察输出波形出现失真（若波形失真不够明显，可加大输入信号幅值），直到看到明显的失真为止，绘下此时的波形。断开输入信号，并用万用表测量 U_{CE} 的值，判断是什么失真，并将数据记录表 4 - 6 中。

表 4 - 6　　静态工作点的选择对输出波形的影响

测试项目	输出 U_o 波形	U_{CE}（V）	失真情况
RP 减小			
RP 增大			

2. 工作点稳定电路的测试

（1）测量调整静态工作点。电路改接成图 4 - 4 所示电路，先调节 RP 的阻值使 $U_{CE} = 6\text{V}$。然后用万用表直流电压挡测量静态工作点的值，并记入表 4 - 7 中。

（2）测量电压放大倍数。测量方法同基本放大电路一样。将测量数据记入表 4 - 8 中。

表 4 - 7　　　测 量 静 态 工 作 点

V_{CC}(V)	U_{BQ}(V)	U_{EQ}(V)	U_{CQ}(V)	$I_C = \dfrac{U_{RC}}{R_C}$

表 4 - 8　　　电压放大倍数的测量

电路名称 测试项目	工作点稳定放大电路	
	$R_L = \infty$	$R_L = 2.4\text{k}\Omega$
输入电压（mV）		
输出电压（mV）		
电压放大倍数 A_u		

3. 测量输入电阻和输出电阻

保持静态工作点 $U_{CE} = 6\text{V}$ 不变，信号发生器输出频率 $f = 1\text{kHz}$、有效值 $U_i = 10\text{mV}$ 的信号。按图 4 - 8 连接电路，用交流毫伏表测出 U_S、U_i 和 U_L 记入表 4 - 10 中。保持 U_S 不变，断开 R_L，测量输出电压 U_o，记入表 4 - 9 中。

表 4 - 9　　　　　　　　　　输入输出电阻的测量

U_S (mV)	U_i (mV)	R_i(kΩ)		U_L(V)	U_o(V)	R_o(kΩ)	
		计算值	理论值			计算值	理论值

4.2.5　实验讨论

（1）列表整理测量结果，并把实测的静态工作点、电压放大倍数、输入电阻、输出电阻之值与理论值进行比较，分析误差产生的原因。

（2）总结 R_C、R_L 及静态工作点对放大器电压放大倍数、输入电阻、输出电阻的影响。

（3）讨论静态工作点变化对放大器输出波形的影响。

（4）在测试中将函数信号发生器、交流毫伏表、示波器等任意一个仪器的两个测试端子接线换位（即各个仪器的接地端不再连在一起），将会出现什么问题？

（5）分析在调试过程中出现的问题及解决方法。

4.3 负反馈放大器

4.3.1 实验目的
（1）掌握负反馈放大器动态性能的测量方法。

（2）加深理解负反馈对放大器性能的影响。

4.3.2 实验设备
函数信号发生器、双踪示波器、交流毫伏表、万用表、模拟电子实验箱和电路板。

4.3.3 实验原理
负反馈在电子电路中有着非常广泛的应用，虽然它使放大器的放大倍数降低，但能在多方面改善放大器的动态指标，如稳定放大倍数，改变输入、输出电阻，减小非线性失真和展宽通频带等。因此，几乎所有的实用放大电路都带有负反馈。

负反馈放大器有电压串联、电压并联、电流串联和电流并联四种组态。本实验以电压串联负反馈为例，分析负反馈对放大器各项性能指标的影响。图 4-8 所示为带有电压串联负反馈的两级阻容耦合放大器，在电路中通过 R_f 把输出电压 u_o 引回到输入端，加在三极管 VT1 的发射极上，在发射极电阻 R_{F1} 上形成反馈电压 U_f。由反馈的判断法可知，它属于电压串联负反馈。

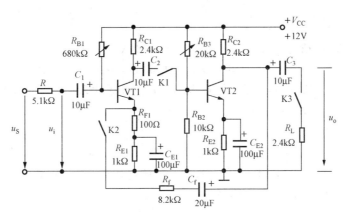

图 4-8 带有电压串联负反馈的两级阻容耦合放大器

1. 负反馈降低了放大器的电压放大倍数

若原放大电路的放大倍数为 A，反馈放大电路的电压放大倍数为 A_{uf}，反馈系数为 F，则有

$$A_{uf} = \frac{A}{1+AF} \tag{4-11}$$

$|1+AF|$ 为衡量反馈程度的重要指标，称为反馈深度。对于负反馈，$|1+AF|>1$，所以，引入负反馈会使放大电路的放大倍数下降。

2. 负反馈提高了放大电路增益的稳定性

环境温度的变化、电源电压的波动、负载以及三极管参数的变化等因素，都会使放大电路的放大倍数发生变化。引入负反馈可以使这种变化相对减小，并提高增益的稳定性，且反馈深度越大，增益稳定性就越好。

3. 负反馈扩展了放大电路的通频带

引入负反馈，放大电路的上限截止频率增大，而下限截止频率下降，所以通频带 BW_f 比开环时增大，且增大的程度与反馈深度有关。则

$$f_{Hf} = (1+AF)f_H > f_H \tag{4-12}$$

$$f_{Lf} = \frac{f_L}{1+AF} < f_L \tag{4-13}$$

因为 $$BW = f_H - f_L \tag{4-14}$$

$$BW_f = f_{Hf} - f_{Lf} \tag{4-15}$$

所以 $$BW_f > BW \tag{4-16}$$

4. 负反馈对输入电阻和输出电阻的影响

在负反馈电路中，对输入电阻的影响只取决于反馈网络与基本放大电路在输入端的连接方式，串联负反馈使输入电阻增大，并联负反馈则使之减小。

在负反馈电路中，对输出电阻的影响只取决于反馈信号的输出取样方式，电压负反馈使输出电阻减小，电流负反馈则使之增大。

电压串联负反馈可使输入电阻增大，输出电阻减小。设无反馈时的输入电阻为 R_i，输出电阻为 R_o，则引入负反馈后输入、输出电阻分别为

$$R_{if} = (1+AF)R_i \tag{4-17}$$

$$R_{of} = \frac{R_o}{1+AF} \tag{4-18}$$

5. 负反馈可以减小反馈环节中的非线性失真

在多级放大电路的最后几级，输入信号的幅度较大，在动态过程中，放大器可能工作在其输出特性的非线性部分，因而使输出波形产生非线性失真。引入负反馈后，可以使这种失真减小。但是，负反馈减小的只是反馈环内的失真。如果输入波形本身就是失真的，这时即使引入负反馈也不会起作用。

4.3.4 实验内容

1. 测量静态工作点

在图 4-8 中，合上 K1，断开 K2、K3，取 $V_{CC} = +12V$，输入 $u_i=0$，调整 R_{B1}、R_{B2}，使 R_{C1}、R_{C2} 两端电压为 $U_{RC1}=U_{RC2}=4.8V$（即 $I_{C1}=I_{C2}=2mA$）。用万用表的直流电压挡分别测量第一级、第二级的静态工作点，记入表 4-10 中。

表 4-10　　测量静态工作点

参数	U_B (V)	U_E (V)	U_C (V)	$I_C=\frac{V_{CC}-U_C}{R_C}$ (mA)
第一级				
第二级				

2. 测试基本放大器（无反馈）的动态性能指标

（1）测量电压放大倍数 A_u。在放大电路的输入端加入频率 $f=1kHz$，有效值 $U_i=5mV$ 的正弦信号 u_i，用示波器观察放大电路输出电压 u_o 的波形，在 u_o 不失真的情况下，用交流毫伏表测量 u_o，并记入表 4-11 中。

（2）测量输入电阻 R_i。在放大电路的输入端加入频率 $f=1kHz$，有效值 $U_s=5mV$ 的正弦信号 u_s，再测出电压 U_i，利用公式 $R_i = \frac{U_i}{U_s-U_i}R_s$ 计算出输入电阻 R_i。将测量数据和计

算结果记入表 4 - 11。

（3）测量输出电阻 R_o。保持输入信号不变，测量放大电路输出电压 U_L（当 $R_L = 2.4\text{k}\Omega$ 时）和 U_o（当 $R_L = \infty$ 时）。根据公式 $R_o = \dfrac{U_o - U_L}{U_o} R_L$ 计算出输出电阻 R_o。将测量数据和计算结果记入表 4 - 11 中。

3. 测量引入负反馈后的放大器性能

（1）测量闭环电压增益 A_f。将实验电路中的 K1、K2、K3 闭合，$R_L = 2.4\text{k}\Omega$，此时为两级电压串联负反馈放大电路。在放大电路的输入端加入频率 $f = 1\text{kHz}$，有效值 $U_i = 10\text{mV}$ 的正弦信号 u_i，测量此时的 U_{of}，计算 A_{uf}，并记入表 4 - 12 中。

（2）测量闭环输入电阻 R_{if}。条件同（1），将频率 $f = 1\text{kHz}$，有效值 $U_S = 10\text{mV}$ 的正弦信号 u_S 加到电路中，测量电压 U_S 及 U_i 的值。根据公式可计算出闭环输入电阻 R_{if}，将测量结果和计算结果记入表 4 - 12 中。

（3）测量闭环输出电阻 R_{of}。条件同（1），输入信号保持不变。测量输出电压 U_{of}（当 $R_L = 2.4\text{k}\Omega$ 和 $R_L = \infty$），可计算出闭环输出电阻 R_{of}，将测量数据和计算结果记入表 4 - 12 中。

表 4 - 11　无反馈时放大电路的动态性能测量

电压增益 A_u			输入电阻 R_i			输出电阻 R_o		
U_i	U_o	A_u	U_S	U_i	R_i	U_o	U_o'	R_o

表 4 - 12　有反馈时放大电路的动态性能测试

闭环电压增益 A_{uf}			闭环输入电阻 R_{if}			闭环输出电阻 R_{of}		
U_i	U_{of}	A_{uf}	U_S	U_i	R_{if}	U_{of}	U_{of}'	R_{of}

4. 观察负反馈对非线性失真的改善

将 K2 断开，合上 K1。在输入端加入 $f = 1\text{kHz}$ 的正弦信号 u_i，输出端接示波器，输入信号从零逐渐增大幅值，直至使输出波形出现失真，记录下此时的输出信号波形和电压幅值。

将实验电路接入负反馈（即 K2 闭合），再次观察输出情况。适当增加 U_i 的幅值，使输出幅值接近开环时的失真波形幅度，比较加入负反馈后输出波形的变化。

5. 测引入负反馈后的放大器的频率特性

置放大电路于开环状态（即 K2、K3 断开），选择 U_i 的适当幅值且 $f = 1\text{kHz}$，使输出信号在示波器上有满幅度正弦波显示。保持输入信号幅度不变（用交流毫伏表监测输入信号，如有变化，可及时做适当调节），逐步增加频率，直至输出信号波形幅值减小为原来的 70%，此时信号频率即为放大电路的上限截止频率 f_H。在同样条件下，逐渐减小频率，可测得放大器的下限截止频率 f_L。

表 4 - 13　　反馈放大电路频率特性测量

状态/频率	f_H（kHz）	f_L（kHz）
开环		
闭环		

将电路置于闭环状态（即 K2 闭合），重复开环状态下的测量步骤，分别测出 f_H 和 f_L。将以上测量结果记入表 4 - 13 中。

4.3.5　实验讨论

（1）根据实验结果，总结电压串联负反馈对放大器性能的影响。

（2）如果把失真的信号加到放大器的输入端，能否以引入负反馈的方式来改善放大器输出波形的失真？

4.4 集成运算放大器的基本应用

4.4.1 实验目的

（1）验证由集成运算放大器组成的比例、加法、减法等基本运算电路的功能。

（2）了解运算放大器在实际应用时应考虑的一些问题。

4.4.2 实验设备

模拟电子技术实验箱、函数信号发生器、交流毫伏表、示波器、万用表和实验电路板。

4.4.3 实验原理

集成运算放大器是一种具有高电压放大倍数的直接耦合多级放大电路。当其外部接入不同的线性或非线性元器件组成负反馈电路时，可以灵活地实现各种特定的函数关系。在线性应用方面，它可组成比例、加法、减法、积分、微分、对数等模拟运算电路。

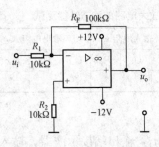

图 4-9 反相比例运算电路

1. 反相比例运算电路

反相比例运算电路如图 4-9 所示。对于理想运放，该电路的输出电压与输入电压之间的函数关系为

$$u_o = -\frac{R_F}{R_1}u_i \qquad (4-19)$$

为了减小输入级偏置电流引起的运算误差，在同相输入端应接入平衡电阻，其阻值应与运放反相端的外接等效电阻相等，即要求 $R_2 = R_1 // R_F$。输入信号采用交流或直流均可，但在选取信号的频率和幅度时应考虑运放的频率响应和输出幅度的限制。

2. 同相比例运算电路

图 4-10（a）所示为同相比例运算电路，它的输出电压与输入电压之间的关系为

$$u_o = \left(1 + \frac{R_F}{R_1}\right)u_i \qquad (R_2 = R_1 // R_F) \qquad (4-20)$$

当 $R_1 \to \infty$ 时，$u_o = u_i$，即得到如图 4-10（b）所示的电压跟随器。图中 $R_2 = R_F$，用以减小漂移和起保护作用。一般 R_F 取 10kΩ，若 R_F 太小则起不到保护作用，太大则影响跟随性。

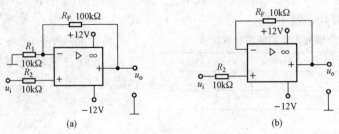

图 4-10 同相比例运算电路及电压跟随器

(a) 同相比例运算电路；(b) 电压跟随器

3. 反相加法运算电路

加法运算电路如图 4 - 11 所示，输出电压与输入电压之间的关系式为

$$u_o = -\left(\frac{R_F}{R_1}u_{i1} + \frac{R_F}{R_2}u_{i2}\right)\tag{4-21}$$

通过该电路可实现信号 u_{i1} 和 u_{i2} 的反相加法运算。为了消除运放输入偏置电流及其漂移造成的运算误差，需在运放同相端接入平衡电阻，其阻值应与运放反向端的外接等效电阻相等，即要求：$R_3 = R_1 /\!/ R_2 /\!/ R_F$。

4. 减法运算电路

图 4 - 12 所示为减法运算电路，为了消除运放输入偏置电流的影响，要求 $R_1 = R_2$、$R_3 = R_F$。该电路输入电压与输出电压之间的关系式为

$$u_o = \frac{R_F}{R_1}(u_{i2} - u_{i1})\tag{4-22}$$

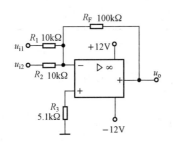

图 4 - 11　加法运算电路

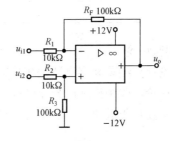

图 4 - 12　减法运算电路

4.4.4　实验内容

1. 反相比例运算电路

按图 4 - 9 连接实验电路，接通 ±12V 电源，用函数信号发生器输入频率 $f = 1$ kHz，有效值 $U_i = 0.5$V 的正弦交流信号，接入反相比例运算电路输入端。测量相应的输出电压 U_o 的值，并用示波器观察 U_o 和 U_i 的相位关系，记入表 4 - 14 中。

表 4 - 14　　　　　　　　　　反相比例运算电路测试

U_i(V)	U_o(V)	U_i 的波形	U_o 的波形	实测值 A_u	计算值 A_u

2. 同相比例运算电路

(1) 按图 4 - 10 (a) 连接实验电路。实验步骤及内容同上，将结果记入表 4 - 15 中。

(2) 将图 4 - 10 (a) 中的 R_1 断开，得到图 4 - 10 (b) 所示电路，重复内容 (1)。

表 4 - 15　　　　　　　　　　同相比例运算电路测试

U_i(V)	U_o(V)	U_i 的波形	U_o 的波形	实测值 A_u	计算值 A_u

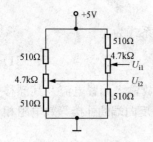

图 4 - 13 简易可调
直流信号源

3. 反相加法运算电路

按图 4 - 11 连接实验电路。输入信号采用直流信号，图 4 - 13所示电路为简易可调直流信号源，由实验者自行完成。实验时，要注意选择合适的直流信号幅度以确保集成运放工作在线性区。用直流电压表测量输入电压 U_{i1}、U_{i2} 及输出电压 U_o，记入表 4 - 16 中。

4. 减法运算电路

按图 4 - 12 连接实验电路。采用直流输入信号，实验步骤同内容 3，把实验测量数据记入表 4 - 17 中。

表 4 - 16 反相加法运算电路测试

U_{i1}(V)	0.1	0.2	0.3	0.4	0.5
U_{i2}(V)	0.1	0.1	0.2	0.3	0.5
U_o(V)					

表 4 - 17 减法运算电路测试

U_{i1}(V)	0.4	0.7	1	1	1
U_{i2}(V)	0.5	1	1.5	2	3
U_o(V)					

4.4.5 实验讨论

(1) 将理论计算结果和实测数据相比较，分析产生误差的原因。

(2) 分析讨论实验中出现的现象和问题。

(3) 为了不损坏集成块，实验中应注意什么问题？

4.5 集 成 功 率 放 大 器

4.5.1 实验目的

(1) 了解集成功率放大器 LA4112 的应用。

(2) 学习集成功率放大器基本技术指标的测试。

4.5.2 实验设备

模拟电子技术实验箱、函数信号发生器、双踪示波器和交流毫伏表。

4.5.3 实验原理

集成功率放大器由集成功放块和一些外部阻容元件构成。它具有线路简单、性能优越、工作可靠、调试方便等优点，已经成为在音频领域中应用十分广泛的功率放大器。

电路中最主要的组件为集成功放块，它的内部电路与一般分立元件功率放大器不同，通常包括前置级、推动级和功率级等几部分。有些集成功率放大器还具有一些特殊功能（消除噪声、短路保护等）的电路，其电压增益较高（不加负反馈时，电压增益达 70～80dB；加典型负反馈时，电压增益在 40dB 以上）。

1. 集成功率放大器 LA4112 简介

集成功率放大器的种类很多。本实验采用的集成功率放大器型号为 LA4112，它的内部电路如图 4 - 14 所示，由三级电压放大、一级功率放大以及偏置、恒流、反馈、退耦电路组成。

(1) 电压放大级：第一级选用由 VT1 和 VT2 管组成的差动放大器，这种直接耦合的放大器零漂较小，第二级的 VT3 管完成直接耦合电路中的电平移动，VT4 是 VT3 管的恒流

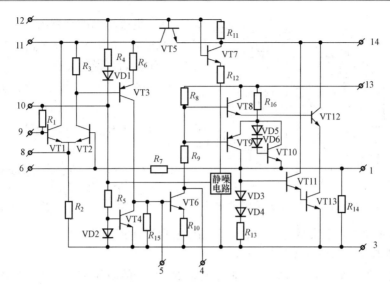

图 4 - 14　LA4112 内部电路图

源负载，以获得较大的增益；第三级由 VT6 管等组成，此级增益最高，为防止出现自激振荡，需在该管的 B、C 极之间外接消振电容。

（2）功率放大级：由 VT8～VT13 等组成的复合互补推挽电路。为提高输出级增益和正向输出幅度，需外接"自举"电容。

（3）偏置电路：为建立各级合适的静态工作点而设立。除上述主要部分外，为了使电路工作正常，还需要和外部元件一起构成反馈电路来稳定和控制增益。同时，还设有退耦电路来消除各级间的不良影响。

LA4112 集成功率放大器是一种塑料封装十四脚的双列直插器件。它的外形及管脚排列如图 4 - 15 所示。表 4 - 18、表 4 - 19 是它的极限参数和电参数。

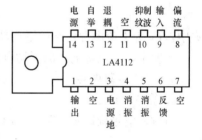

图 4 - 15　LA4112 外形
及管脚排列图

表 4 - 18　　　　　　　　　集成功率放大器 LA4112 极限参数

参　　数	符号与单位	额　定　值
最大电源电压	V_{CCmax} (V)	13（有信号时）
允许功耗	P_o (W)	1.2
		2.25（50×50mm² 铜箔散热片）
工作温度	T_{opr} (℃)	－20～+70

表 4 - 19　　　　　　　　　集成功率放大器 LA4112 电参数

参　　数	符号与单位	测试条件	典　型　值
工作电压	V_{CC} (V)		9
静态电流	I_{CCQ} (mA)	$V_{CC}=9V$	15
开环电压增益	A_{Vo} (dB)		70
输出功率	P_o (W)	$R_L=8\Omega$，$f=1kHz$	1.7
输入阻抗	R_i (kΩ)		20

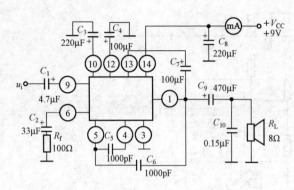

图 4-16　集成功率放大器 LA4112 的应用电路

集成功率放大器 LA4112 的应用电路如图 4-16 所示，该电路中各电容和电阻的作用简要说明如下：

C_1，C_9——输入、输出耦合电容，隔直作用；

C_2 和 R_f——反馈元件，决定电路的闭环增益；

C_3，C_4，C_8——滤波、退耦电容；

C_5，C_6，C_{10}——消振电容，消除寄生振荡；

C_7——自举电容，若无此电容，将出现输出波形半边被削波的现象。

2. 集成功率放大器的主要技术指标

(1) 最大不失真输出功率 P_{om}。可通过测量 R_L 两端的电压有效值 U_{om} 来求得实际的最大不失真输出功率，即

$$P_{om} = \frac{U_{om}^2}{R_L} \qquad (4-23)$$

(2) 效率 η 为

$$\eta = \frac{P_o}{P_S} \times 100\% \qquad (4-24)$$

式中，P_S 为直流电源供给的平均功率。

实验中，可测量电源的平均电流 I_C，求得 $P_S = V_{CC} I_C$。

4.5.4　实验内容

1. 静态测试

将输入信号旋钮旋至零，接通 +9V 直流电源，测量静态总电流及集成块各引脚对地电压，记入表 4-20 中。

表 4-20　　　　　　　　　　　静 态 测 试

$U_1(V)$	$U_4(V)$	$U_5(V)$	$U_6(V)$	$U_9(V)$	$U_{10}(V)$	$U_{13}(V)$	$U_{14}(V)$	$I_C(mA)$

2. 动态测试

(1) 最大输出功率及效率。

1) 接入自举电容 C_7，输入端接 1kHz 正弦信号，输出端用示波器观察输出电压波形，逐渐加大输入信号幅度，使输出电压 u_o 达到最大不失真输出，用交流毫伏表测出负载 R_L 上的输出电压 U_{om}，记入表 4-21 中并计算出最大输出功率。

2) 断开自举电容 C_7，观察输出电压波形变化情况。

(2) 频率响应。保持输入信号 u_i 的幅度不变，改变信号源频率 f，逐点测出相应的输出电压 U_o，记入表 4-22。在整个测试过程中，应保持 u_i 为恒定值，且输出波形不能失真。

表4-21			测量最大输出功率及效率
U_{om}	R_L	$P_{om}=\dfrac{U_{om}^2}{R_L}$	效率 $\eta=P_{om}/P_S$

表4-22 测 量 频 率 响 应			
项目	f_L	f_o	f_H
f（Hz）		1000	
U_o（V）			
A_u			

4.5.5 实验讨论

（1）进行本实验时应注意什么问题？

（2）自举电容的作用是什么？

4.6 集成运放组成的 *RC* 桥式振荡器

4.6.1 实验目的

（1）了解集成运放的具体应用。

（2）加深理解正弦波振荡电路的起振条件和稳幅特性。

（3）熟悉 *RC* 桥式振荡器的工作原理，掌握振荡频率、幅度的测量与调节方法。

4.6.2 实验设备

模拟电子技术实验箱、示波器、交流毫伏表和实验电路板。

4.6.3 实验原理

RC 低频桥式正弦波振荡电路又称文氏桥振荡电路。它适用于产生频率低于或等于 1MHz 的低频正弦波振荡信号，振幅和频率较稳定，而且频率调节比较方便。许多低频信号发生器的主振器均采用这种电路。

图 4-17 所示为典型的 *RC* 桥式正弦波振荡电路。它是利用 LM324 组成的 *RC* 桥式振荡器。R_1，C_1，R_2，C_2 组成串并联选频网络，构成正反馈电路；*RC* 的大小决定振荡频率，改变 *RC* 可以调节振荡频率；调整 RP 即可改变负反馈的反馈系数，从而调整放大电路的电压增益，使之满足振荡的幅值条件；二极管 VD1，VD2 为自动稳幅元件。另外，采用两只二极管反向并联，目的是使输出电压在正、负两个半周期内轮流工作，使正半周和负半周振幅相等。显然，这两只二极管的特性应相同，否则正负半周振幅将不同。因此，得出正弦波振荡器的振荡条件是：

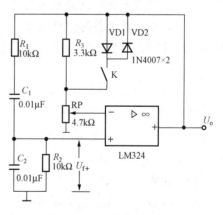

图 4-17 典型的 *RC* 桥式
正弦波振荡电路

振幅平衡条件

$$A_{uf}F = 1 \tag{4-25}$$

相位平衡条件

$$\phi_a + \phi_f = 2n\pi \quad (n=0,\pm 1,\pm 2,\cdots) \tag{4-26}$$

式中，ϕ_a 为放大器的相移角；ϕ_f 为反馈网络相移角。

反馈系数 F_{u+} 的计算式为

$$F_{u+} = \frac{U_{f+}}{U_o} \tag{4-27}$$

4.6.4 实验内容

1. 振荡电路的调整，振荡频率的测定及正反馈系数的测定

按图 4-17 接好电路，调节直流稳压电源输出为 ±12V，加到电路板上。合上开关 K，用示波器观察振荡器输出端 U_o 的波形。若无输出，可调节电位器 RP 的阻值使电路产生振荡，并得到基本不失真的正弦波形，然后进行测量。

（1）正反馈系数 F_{u+} 的测定。用毫伏表测量 U_o 和 U_{f+} 的值，填入表 4-23 中。

表 4-23　　　　　　　　　　　　反馈系数 F_{u+} 的测定

电路参数	振荡频率（Hz）	反馈电压 U_{f+}	输出电压 U_o	反馈系数 F_{u+}
$R_1 = R_2 = 10\text{k}\Omega$ $C_1 = C_2 = 0.047\mu\text{F}$				
$R_1 = R_2 = 10\text{k}\Omega$ $C_1 = C_2 = 0.01\mu\text{F}$				

（2）振荡频率 f_o 的测量。

1）用示波器直接测量：将示波器的波形调整稳定后，直接读取振荡频率 f_o 的值。

2）用比较法（李萨育图形法）：先将 U_o 送入示波器 Y_2 通道输入端，再从低频信号发生器输出正弦信号送到 X 输入端（将 Y_1 调到 X 输入）。然后调节低频信号发生器的频率，直至示波器荧光屏上出现圆形或椭圆形波形为止。此时，信号发生器的信号频率即为振荡器的振荡频率，记入表 4-24 中。

表 4-24　　　　　　　振荡频率 f_o 的测量

电路参数	李萨育图形	X 输入信号频率	Y 输入信号频率
$R_1 = R_2 = 10\text{k}\Omega$ $C_1 = C_2 = 0.047\mu\text{F}$			
$R_1 = R_2 = 10\text{k}\Omega$ $C_1 = C_2 = 0.01\mu\text{F}$			

2. 测量输出电压的可调范围

用示波器监视 U_o 的波形，调节 RP 的阻值以改变 U_o 的幅度，在波形不失真的条件下，用电子毫伏表测量最大的输出电压 U_o。

4.6.5 实验讨论

（1）整理实验数据，分析实验结果，与理论计算值进行比较。

（2）二极管 VD1，VD2 在电路中起什么作用？若不加 VD1，VD2，电路能否起振？

4.7 石英晶体振荡器

4.7.1 实验目的

（1）掌握石英晶体振荡器的特性。

（2）掌握石英晶体振荡器的工作原理和决定振荡频率的因素。

（3）了解石英晶体振荡器的工作状态及调试技术。

4.7.2 实验设备

模拟电子技术实验箱、示波器、万用表和实验电路板。

4.7.3 实验原理

1. 石英晶体谐振器的基本特性

石英晶体具有明显的压电效应。当在石英晶体上加交变电压，而且交变电压频率等于石英晶片的固有振动频率时，石英晶体就会产生共振，振动幅度越强烈，晶片两面的电荷数量和电路中的交变电流也越大。这种现象叫做压电谐振，因而石英晶体又叫晶体谐振器。图 4-18 所示为石英晶体的等效电路。

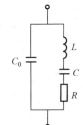

图 4-18 石英晶体的等效电路

由此可以看出，石英晶体具有两个谐振频率：一个是 L、C、R 支路的串联谐振频率 $f_s = \dfrac{1}{2\pi\sqrt{LC}}$；另一个是电路的并联谐振频率 $f_p = \dfrac{1}{2\pi\sqrt{L\dfrac{CC_0}{C+C_0}}}$ $(C \ll C_0)$。所以 f_s、f_p 是非常接近的两个值，在 f_s 与 f_p 这一段窄的频率范围内，晶体谐振器呈电感性，在此区间以外呈电容性。

由于石英晶体的等效参数 LCR 的值由石英晶体的切片方位及几何尺寸来决定，而与外部条件无关，且其温度稳定性极高，所以用它组成的振荡电路，其输出信号的频率稳定度非常高。

2. 并联型晶体振荡器的工作原理

石英晶体振荡电路的形式多种多样，但基本电路只有并联和串联石英晶体振荡电路两类。图 4-19（a）所示为典型并联晶体振荡的原理电路，等效电路如图 4-19（b）所示。

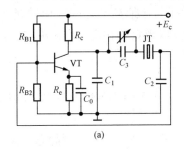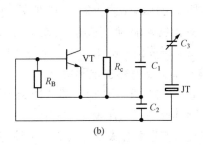

(a)　　　　　　　　　　　　(b)

图 4-19 并联晶体振荡的原理电路和等效电路
(a) 原理电路；(b) 等效电路

这里，石英晶体以电感形式与外部电容构成并联谐振电路，实质上就是改进电容三点式振荡器。它的振荡频率主要取决于石英晶体的固有振荡频率。C_1、C_2 的取值大小对振荡频率的影响很小，但合适地选取 C_1、C_2 以及 C_1 与 C_2 的比值也是很重要的。C_1、C_2 值大，振荡波形较好，但幅度小；若取值过大，振荡器就会停振。相反，若 C_1、C_2 值小，则振荡幅度大；但过小时，振荡波形会产生严重的非线性失真。另外，因为电路的反馈量取自电容 C_2 的两端，所以只有 C_1 与 C_2 的比值合适，电路才能获得适当的正反馈量，从而满足振荡的幅度条件。通过调节微调电容 C_3，可以使 C_1、C_2 和 C_3 的串联值恰好等于石英晶体所要求的负载电容值，进一步可以把振荡频率调到石英晶体的标称频率上，调节 C_3 对反馈无影响。石英晶体振荡电路如图 4-20 所示。

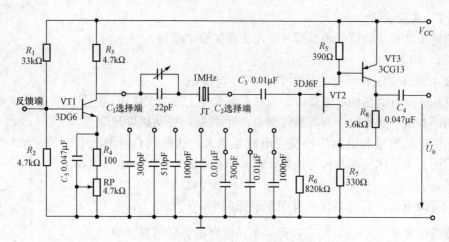

图 4-20　石英晶体振荡电路

从整体上看，电路大致可分为振荡级、隔离级和放大级三个部分。在振荡级，石英晶体以电感的形式与 C_1、C_2 组成并联谐振回路。隔离级实际上是场效应管源极跟随器，是为了提高振荡电路的带负载能力而设置的。另外，因为振荡及输出信号幅度较小，所以加入了放大级。

说明：反馈选择端需和 C_2 选择端配合使用，选用哪个 C_2 电容，反馈选择端就应和该电容的外接地端相连。

4.7.4　实验内容

1. 观察振荡器输出波形

调节直流稳压电源输出为 $+9\text{V}$，加在 V_{CC} 插孔与接地插孔之间。用导线连接，使 $C_1 = C_2 = 1000\text{pF}$，并把反馈端与 C_2 电容相连，用示波器观察输出 U_o 的振荡波形，记录并估算其频率。若电路无振荡信号输出，可调节 RP 和微调电容 C_3。

2. 观察静态工作点对输出波形的影响

选择 $C_1 = C_2 = 1000\text{pF}$，并把反馈选择端接好，在下列几种情况下测试振荡级 VT1 的静态工作点，将测试结果记录在表 4-25 中。

注意：在观察波形明显失真、无失真、刚好失真三种情况时，测静态工作点需将反馈端断开后进行测试。

3. 观察 C_1、C_2 对输出波形的影响

重新将振荡器调回到无失真状态，按表 4-26 所要求的参数进行测试。

表 4-25　　　　静态工作点的测试

振荡器波形	VT1 静态工作点			
	U_{BE} (V)	U_{CE} (V)	U_{RC} (V)	$I_C = U_{RC}/R_C$ (mA)
无失真				
明显失真				
刚好失真				

表 4-26　　　C_1、C_2 对输出波形的影响

C_1、C_2 的取值	输出信号的波形及频率 (Hz)
$C_1 = C_2 = 300\text{pF}$	
$C_1 = C_2 = 0.01\mu\text{F}$	
$C_1 = 510\text{pF}$，$C_2 = 1000\text{pF}$	

4.7.5 实验讨论

（1）为了使振荡信号不失真，应如何设置 VT1 的静态工作点？

（2）实验中，若电路停振，可能是什么原因？应采取什么措施使电路重振？

（3）将反馈选择端悬空，再观察输出波形，试用原理说明发生这一现象的根本原因。

4.8 单相桥式整流滤波电路

4.8.1 实验目的

（1）加深理解单相桥式整流电路的工作原理。

（2）了解滤波电路的作用。

（3）观察整流滤波电路的电压波形。

4.8.2 实验设备

模拟电子技术实验箱、示波器、交流毫伏表、万用表和实验电路板。

4.8.3 实验原理

1. 整流电路

整流是把交流信号转变为脉动直流信号的过程，利用二极管的单向导电特性可实现这个过程。一般采用桥式整流电路。

2. 滤波电路

为了得到整流后的平滑电压波形，减小其纹波成分，必须在整流电路后面加滤波电路。滤波电路的形式很多，在负载电流不太大的情况下，常用电容滤波、π 型、RC 滤波电路。

图 4-21 所示为桥式整流滤波电路。通过转换插孔连线，可构成单相桥式整流电路、单相桥式电容滤波电路、π 型电路和 RC 滤波电路等。

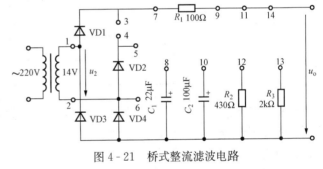

图 4-21 桥式整流滤波电路

4.8.4 实验内容

1. 无滤波器时，单相桥式整流电路的测试

（1）连接 3，4 和 7，12 插孔，电路构成单相桥式整流电路。接通电源，用示波器观察输入电压 u_2 及输出电压 u_o 的波形。

（2）用万用表测量电压 u_2 及输出电压 U_o，并与计算值比较。

（3）用毫伏表测量输出端的纹波电压 u_o，算出纹波因数 $r = \dfrac{u_o}{U_o}$。将上述测试数据及波形记入表 4-27 中。

2. 加滤波电容的单相整流电路测试

通过转换连线插孔，改变不同滤波电容负载的数值，按表 4-28 所给定的条件，用示波器观察波形，同时用万用表和毫伏表测量输出电压 U_o 及纹波电压 u_o，并将数据填入表中。

表 4 - 27　　　　　　　　　　　　　　单相桥式整流电路的测试

输入电压波形	输出电压波形	u_2(V)	U_o(V)		u_o(mV)	r%
			计算值	实测值		
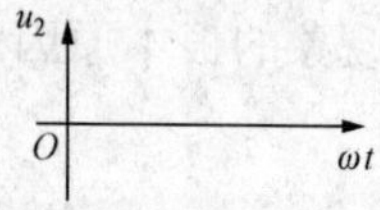	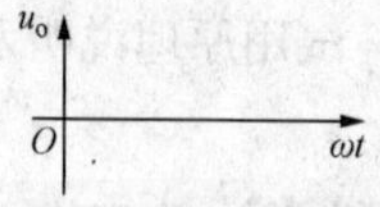					

表 4 - 28　　　　　　　　　　　加滤波电容的单相整流电路测试

顺序号	R_L(Ω)	滤波电容	U_o 波形	U_o(V)	u_o(mV)	r%
1	430	22μF	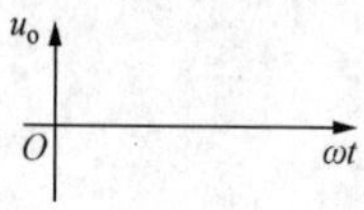			
2	430	100μF	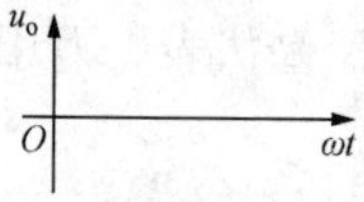			
3	2kΩ	22μF	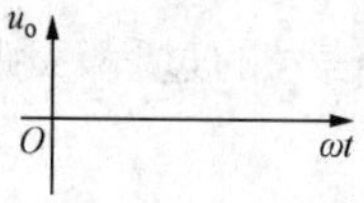			
4	2kΩ	100μF	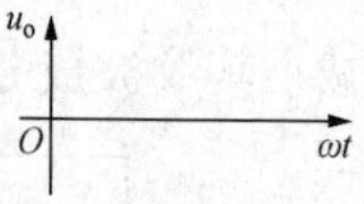			
5	∞	100μF	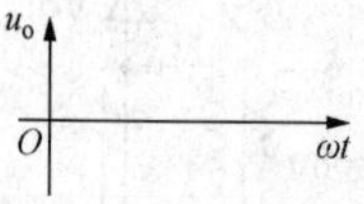			

注意：在观察波形时，为了便于比较交流分量的大小、分析纹波因数，在观察过程中示波器上的 Y 轴衰减及微调要保持不动。

3. 故障设置

(1) 将 3，4 插孔连接断开，连接 3，13 插孔，用示波器观察输出波形，并测量其输出电压值，分析 VD2 断开后形成何种电路。将测试结果填入表 4 - 29 中。

(2) 接通 3，4 插孔，接通 7，12 插孔，断开 5，6 插孔。用示波器观察输出波形，并测量其输出电压值，将测试结果填入表 4 - 30 中。分析 5，6 插孔短接后会形成何种故障。

表 4 - 29　　　　　故　障　设　置

故障点	输出电压 U_o 波形	U_o (V)	形成何种故障
3，4 插孔断开			
5，6 插孔断开			

4.8.5　实验讨论

(1) 结合实验结果，分析整流电路的工作特点以及 R_L C 大小对整流滤波的效果及输出电压值的影响。

(2) 用示波器观察未加滤波电路时，整流后的电压波形与理论波形有何不同？并分析其原因。

4.9 集成稳压电源的测试与调整

4.9.1 实验目的
（1）熟悉集成稳压源的使用方法。
（2）学会测量集成稳压源的主要技术指标的方法。

4.9.2 实验设备
模拟电子技术实验箱、示波器、交流毫伏表、万用表、数字万用表、滑线变阻器和实验电路板。

4.9.3 实验原理
电子设备一般都需要直流电源提供电能。这些直流电除了少数可以直接利用干电池和直流发电机外，大多数是采用把交流电转变为直流电的直流稳压电源。

直流稳压电源由电源变压器、整流、滤波和稳压电路四部分组成，其原理框图如图 4-22 所示。电网供给的交流电压 u_1（220V，50Hz）经电源变压器降压后，得到符合电路需要的交流电压 u_2，再用整流、滤波电路滤去其高次谐波分量，就可得到比较平直的直流电压 U_i。但这样的直流输出电压，还是会随交流电网电压的波动或负载的变动而变化。在对直流供电的稳定性要求比较高的场合，还需要使用稳压电路，以保证输出的直流电压更加稳定。

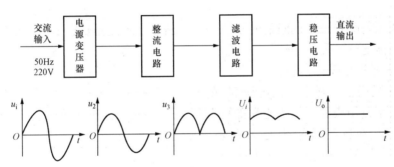

图 4-22 直流稳压电源原理框图

集成稳压电路是模拟集成电路的一种器件，由于集成稳压器具有体积小、外接线路简单、使用方便、工作可靠和通用性强等优点，因此在各种电子设备中应用十分普遍，基本上取代了由分立元件构成的稳压电路。集成稳压器的种类很多，使用时应根据设备对直流电源的要求来进行选择，以三端式稳压器的应用最为广泛。本实验电路采用 LM317 三端可调集成稳压电路，其外形及接线如图 4-23 所示。

LM317 型三端可调集成稳压电路是直立式塑料封装器件，使用时外形一般装有散热片。当输入电压为 12V 时，其输出电压的可调范围为 1.25～

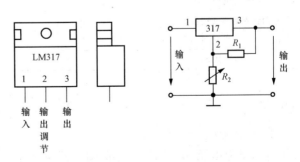

图 4-23 LM317 外形及接线图

13.8V，输出电流为 5～500mA，适用于小型电子仪器设备。由稳压块内部电路可知，此稳压块输出电压为

$$U_o = 1.25\left(1 + \frac{R_{P1}}{R_1}\right) \tag{4-28}$$

集成稳压电路如图 4-24 所示。

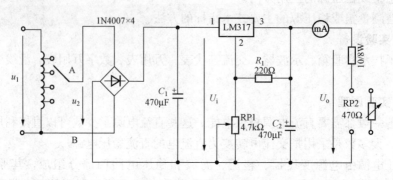

图 4-24　集成稳压电路

4.9.4　实验内容

1. 观察整流输出波形

按图 4-25 接好线路，A、B 两点接交流电压 14V（即 $u_2 = 14$V），经教师检查无误后，方可通电实验。

接通电源，先调节 RP1 的阻值使 $U_o = 10$V。然后用示波器观察 u_2 及 U_i 的波形，按同一时间单位坐标记录下来。

2. 测量输出电压的调节范围

调节 RP1 的阻值，观察输出电压 U_o 的变化情况。用数字万用表测量输出电压的可调范围 $U_{omin} \sim U_{omax}$，并将测量结果记录在表 4-30 中。

表 4-30	输出电压的调节范围	
RP1 的位置	RP1 为最小	RP1 为最大
U_o（V）		

3. 测量稳压系数 S_γ

接上负载 R_L（RP2 调至最大），调节 RP1 的阻值使输出电压 $U_o = 10$V，然后调节 RP2 的阻值使负载电流 $I_o = 200$mA，使交流输入电压 u_2 分别变为 10V 和 17V（模拟电网电压波动）。用数字万用表测出对应 U_o 的值，并计算稳压系数，记录于表 4-31 中。

表 4-31　稳压系数的测量			
交流输入电压 u_2（V）	10V	14V	17V
直流输入电压 U_i			
直流输出电压 U_o（V）			
直流输入电压变化量 ΔU_i		×	
直流输出电压变化量 ΔU_o（V）		×	
稳压系数 S_γ		×	

稳压系数为

$$S_\gamma = \frac{\Delta U_o / U_o}{\Delta U_i / U_i} \tag{4-29}$$

4. 测量输出电阻 R_o

输入交流电压 $u_2 = 14$V，调节 RP1 使输出电压 $U_o = 10$V，改变负载电阻。用数字万用

表 4 - 32	输 出 电 阻 测 量	
负载电流 I_L(mA)	0mA	100mA
直流输出电压 U_o		
负载电流变化量 ΔI_o(mA)		
输出电压变化量 ΔU_o(V)		
输出电阻 $R_o = \dfrac{\Delta U_o}{\Delta I_o}$		

表分别测出 $I_L = 0$（空载）及带负载 I_o $= 100$mA 时对应的输出电压 U_o 的值，记录表 4 - 32 中，并计算输出电阻 R_o 的值。

5. 测量纹波电压

交流输入电压 u_2 为 14V，调节 RP1 的阻值使 $U_o = 10$V，用示波器观察 U_I 和 U_o 的波形，并用交流毫伏表测量 U_o 的纹波电压。

4.9.5　实验讨论

（1）当稳压电源输出不正常，或输出 U_o 不随取样电位器 RP 而变化时，应如何进行检查以找出故障所在？

（2）列出本实验中稳压电源的主要技术指标：

1）输出电压调节范围；

2）稳压系数。

4.10　晶 体 管 的 测 试

4.10.1　实验目的

（1）掌握晶体二极管的极性测试方法。

（2）掌握晶体三极管的极性测试方法。

4.10.2　实验设备

万用表、面包板和元器件（晶体二极管、晶体三极管、电阻）。

4.10.3　实验原理

1. 二极管

利用模拟指针式万用表判别晶体二极管的极性和质量。

（1）二极管极性和质量的判别。将万用表打到 $R \times 1k$ 挡，用红、黑表笔分别接触二极管的两个电极，测得阻值较小的那次，黑表笔所接触的电极为二极管的正极（阳极），另一端为负极（阴极）。这是因为万用表的欧姆挡，黑表笔接表内电池的正极，红表笔接表内电池的负极。

一般二极管的正向电阻为几十欧～几十千欧，反向电阻为几百千欧以上。正反向电阻差值越大越好，至少应相差百倍为宜。若正、反向电阻接近，则管子性能差；若正、反向电阻均为零，则管子内部短路；若正、反向电阻均为∞，则管子内部开路。

注意：用不同类型的万用表或同一类型的万用表的不同量程去测二极管的正向电阻时，所得结果是不同的。一般不用"$R \times 1\Omega$"挡或"$R \times 10k$"挡去测小功率、点接触型二极管，以防电流过大或电压过高而损坏被测二极管。

（2）二极管类型的判别。电阻法：经验证明，用万用表"$R \times 1k$"挡测二极管的正向电阻时，硅管为 6～20kΩ，锗管为 1～5kΩ。

电压法：按图 4 - 25 所示接线，将万用表打到"1V"挡，测出二极管两端的电压，一般锗管的正向电压为 0.2～0.3V，硅管的正向电压为 0.5～0.7V。

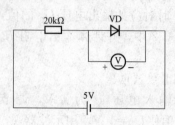

图 4-25　电压法接线图

2. 三极管

利用模拟指针式万用表判别晶体三极管的极性和管型。

（1）判定基极。用万用表"$R×100$"或"$R×1k$"挡测量三极管三个电极中每两个极之间的正、反向电阻值。当用第一支表笔接某一电极，而第二支表笔先后接触另外两个电极均测得低阻值时，则第一支表笔所接的那个电极即为基极 b。这时，要注意万用表表笔的极性，如果红表笔接的是基极 b，黑表笔分别接在其他两极时，测得的阻值都较小，则可判定被测三极管为 PNP 型管；如果黑表笔接的是基极 b，红表笔分别接触其他两极时，测得的阻值较小，则被测三极管为 NPN 型管。

（2）判定集电极 c 和发射极 e。找出了基极 b，可以利用测穿透电流 I_{CEO} 的方法确定集电极 c 和发射极 e。

1）对于 NPN 型三极管，用万用表的黑、红表笔交换测量两极间的正、反向电阻 R_{ce} 和 R_{ec}。虽然两次测量中万用表指针偏转角度都很小，但仔细观察，总会有一次偏转角度稍大，此时电流的流向一定是：黑表笔→c 极→b 极→e 极→红表笔，电流流向正好与三极管符号中的箭头方向一致，所以此时黑表笔所接的一定是集电极 c，红表笔所接的一定是发射极 e。

2）对于 PNP 型的三极管，原理也类似于 NPN 型。偏转角度稍大时，其电流流向一定是：黑表笔→e 极→b 极→c 极→红表笔，其电流流向也与三极管符号中的箭头方向一致，所以此时黑表笔所接的一定是发射极 e，红表笔所接的一定是集电极 c。

4.10.4　实验内容

1. 晶体二极管的测试

将万用表打到"$R×1k$"挡，用红、黑表笔分别接触二极管的两个电极，将测试结果及结论填入表 4-33 中。

表 4-33　　　　　　　　　　　　　　晶体二极管的测试

	甲管 A ▭ B	乙管 A ▭ B
R_{AB}（Ω）		
R_{BA}（Ω）		
结论	A：（　　）极　B：（　　）极	A：（　　）极　B：（　　）极
材料		

2. 晶体三极管的测试

（1）基极及三极管类型的判别。用万用表"$R×100$"或"$R×1k$"挡测量三极管三个电极中每两个极之间的正、反向电阻值。将测试结果及结论填入表 4-34 中。

表 4 - 34	晶体三极管基极及类型的判别
测　试　电　路	测　试　记　录
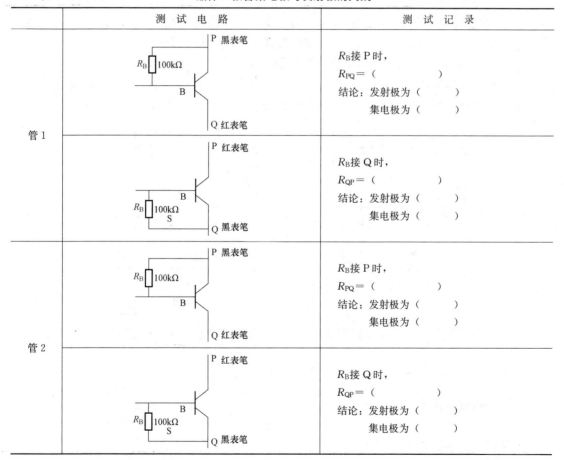	$R_{XY}=$（　　　　），$R_{XZ}=$（　　　　） $R_{YX}=$（　　　　），$R_{YZ}=$（　　　　） $R_{ZX}=$（　　　　），$R_{ZY}=$（　　　　） 结论：基极为（　　　　）
	$R_{XY}=$（　　　　），$R_{XZ}=$（　　　　） $R_{YX}=$（　　　　），$R_{YZ}=$（　　　　） $R_{ZX}=$（　　　　），$R_{ZY}=$（　　　　） 结论：基极为（　　　　）

（2）集电极与发射极的判别。用万用表的黑、红表笔交换测量两极间的正、反向电阻 R_{ce} 和 R_{ec}，将测试结果及结论填入表 4 - 35 中。

表 4 - 35		晶体三极管集电极与发射极的判别
	测　试　电　路	测　试　记　录
管 1		R_B 接 P 时， $R_{PQ}=$（　　　　） 结论：发射极为（　　　　） 　　　集电极为（　　　　）
		R_B 接 Q 时， $R_{QP}=$（　　　　） 结论：发射极为（　　　　） 　　　集电极为（　　　　）
管 2		R_B 接 P 时， $R_{PQ}=$（　　　　） 结论：发射极为（　　　　） 　　　集电极为（　　　　）
		R_B 接 Q 时， $R_{QP}=$（　　　　） 结论：发射极为（　　　　） 　　　集电极为（　　　　）

4.10.5　实验讨论

（1）能否用万用表测量大功率三极管？测量时用万用表哪一挡较为合理，为什么？

（2）为什么用万用表不同电阻挡测二极管的正向（或反向）电阻时，测得的阻值不同？

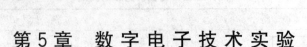

第5章 数字电子技术实验

5.1 基本门电路的逻辑功能

5.1.1 实验目的

（1）验证门电路的逻辑功能。

（2）熟悉常用门电路芯片的型号、外形、引脚排列及其功能。

5.1.2 实验设备

数字电路实验箱、芯片 74LS00，74LS08，74LS32 和 74LS86。

5.1.3 实验原理

在门电路芯片中，输入端一般用 A，B，C，D，…表示，输出端用 Y 表示。一块集成芯片有几个门电路时，需在其输入、输出端的功能标号前（或后）标上相应的序号。如 74LS00 为四个 2 输入与非门电路，1A，1B 为第一个与非门的输入端；1Y 为该门的输出端，2A，2B 为第二个与非门的输入端，2Y 为其输出端，依此类推。若集成芯片引脚上的功能标号为 NC，则表示该引脚为空脚，与内部电路不连接。

本实验中与门采用 74LS08（四 2 输入），或门采用 74LS32（四 2 输入），与非门采用 74LS00（四 2 输入），异或门采用 74LS86（四 2 输入），其管脚排列如图 5-1 所示。

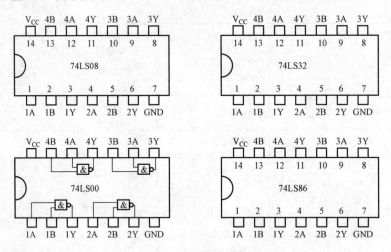

图 5-1 管脚排列

与门逻辑表达式为

$$F = AB \tag{5-1}$$

与非门逻辑表达式为

$$F = \overline{AB} \tag{5-2}$$

或门逻辑表达式为

$$F = A + B \tag{5-3}$$

异或门逻辑表达式为

$$F = A \oplus B = \overline{A}B + A\overline{B} \tag{5-4}$$

5.1.4 实验内容

1. 与门、或门、与非门、异或门的逻辑功能测试

将门电路的输入端 A、B 接电平开关,输出端 Y 接 LED 电平显示插孔,按表 5-1 所给出的条件进行测试。观察输出端 Y 的状态,并将测试结果填入表 5-1 中。

表 5-1 门电路逻辑功能测试

输	入	输		出	
A	B	Y (与门)	Y (或门)	Y (与非门)	Y (异或门)
0	0				
0	1				
1	0				
1	1				

2. 用与非门组成其他逻辑门电路

(1) 利用与非门组成与门电路。根据与门的逻辑表达式 $F = A \cdot B$ 可得 $F = \overline{\overline{A \cdot B}} = A \cdot B$,将设计好的逻辑电路画出,并按图接好线。将电路的输入端 A、B 接电平开关,输出端接 LED 电平显示插孔,然后进行测试。测试结果填入表 5-2。

表 5-2 用与非门组成其他逻辑门电路

与 门 电 路			或 非 门 电 路			同 或 门 电 路		
输	入	输 出	输	入	输 出	输	入	输 出
A	B	Y	A	B	Y	A	B	Y
0	0		0	0		0	0	
0	1		0	1		0	1	
1	0		1	0		1	0	
1	1		1	1		1	1	

(2) 利用与非门组成或非门电路。根据或非门的逻辑表达式 $F = \overline{A + B}$,用摩根定律可得 $F = \overline{A + B} = \overline{\overline{\overline{A} \cdot \overline{B}}}$。将设计好的逻辑电路画出,并按图接好线。将电路的输入端 A、B 接电平开关,输出端接 LED 电平显示插孔,然后进行测试。测试结果填入表 5-2 中。

(3) 利用与非门组成同或门电路。同或门电路的与非表达式 $F = AB + \overline{A} \cdot \overline{B}$,将设计好的逻辑电路画出,并按图接好线。将电路的输入端 A、B 接电平开关,输出端接 LED 电平显示插孔,然后进行测试。测试结果填入表 5-2 中。

5.1.5 实验讨论

(1) 与非门器件中有多余不用的输入端,应该如何处置?

(2) 归纳与门、或门、或非门、异或门分别在什么输入情况下,输出高电平?什么输入情况下，输出低电平？

（3）说明在实验中遇到的故障和问题，及其解决办法。

5.2　组 合 逻 辑 电 路

5.2.1　实验目的

（1）掌握组合逻辑电路的分析方法。

（2）掌握半加器、全加器电路的逻辑功能和测试方法。

（3）测试集成4位二进制全加器的逻辑功能。

5.2.2　实验设备

数字电路实验箱、芯片 74LS00，74LS86 和 74LS283。

5.2.3　实验原理

1. 半加器

所谓半加器是实现两个 1 位二进制数相加的逻辑电路。它具有两个输入端和两个输出端：两个输入端分别是被加数与加数（设为 A 和 B），两个输出端分别为和数与进位（设为 S_n 与 C_n）。半加器的逻辑表达式为

$$S_n = \overline{A}B + A\overline{B} \tag{5-5}$$
$$C_n = AB \tag{5-6}$$

与非门组成的半加器如图 5-2 所示。

图 5-3 所示为用与非门和异或门组成的半加器，其逻辑表达式为

$$S_n = A \oplus B \tag{5-7}$$
$$C_n = AB \tag{5-8}$$

图 5-2　与非门组成的半加器

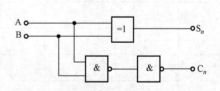

图 5-3　与非门和异或门组成的半加器

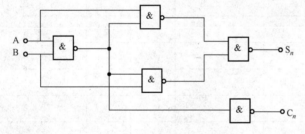

图 5-4　与非门组成的全加器

2. 全加器

全加器是实现两个 1 位二进制数相加并考虑低位进位的逻辑电路。它具有三个输入端两个输出端；三个输入端分别是加数 A_n、被加数 B_n 及低位的进位 C_{n-1}，两个输出端分别是和数 S_n 及向高位的进位 C_n。与非门组成的全加器如图 5-4 所示。

图 5-5 所示为用与非门和异或门组成的全加器，其逻辑表达式为

$$S_n = A_n \oplus B_n \oplus C_n \tag{5-9}$$

$$C_n = \overline{\overline{(A_n \oplus B_n) \cdot C_n} \cdot \overline{A_n B_n}} \tag{5-10}$$

3. 全加器 74LS283 的逻辑功能

74LS283 是集成 4 位二进制全加器，其引脚排列如图 5-6 所示。图中，CI 为第一位的进位数，CO 为四位二进制数相加后向高位的进位。

其逻辑功能为

$$A_4 A_3 A_2 A_1 + B_4 B_3 B_2 B_1 = S_4 S_3 S_2 S_1$$

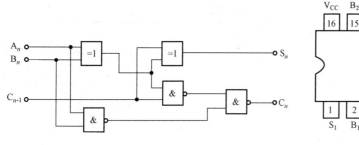

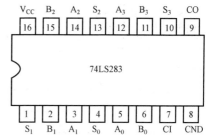

图 5-5　与非门和异或门组成的全加器　　　　图 5-6　74LS283 引脚排列

5.2.4　实验内容

1. 测试用与非门组成的半加器的逻辑功能

按图 5-2 接线，将半加器的输入端 A，B 接至电平开关，半加和 S_n 与进位 C_n 端接至 LED 电平显示插孔，按表 5-3 的顺序进行测试，并将测试结果填入表 5-3 中。

表 5-3　　　　　　　　　　　　半加器的逻辑功能测试

输　入	被加数	A	0	0	1	1
	加　数	B	0	1	0	1
输　出	半加和	S_n				
	进　位	C_n				

2. 测试用与非门和异或门组成的半加器的逻辑功能

按图 5-3 接线，将输入端 A、B 分别接至电平开关，S_n，C_n 分别接至 LED 电平显示插孔。按表 5-3 进行测试，验证半加器的逻辑功能。

3. 测试用与非门组成的全加器的逻辑功能

按图 5-4 接线，输入 A_n，B_n，C_{n-1} 分别接电平开关，S_n，C_n 分别接至 LED 电平显示插孔，测试电路的逻辑功能，将测试结果填入表 5-4 中。

表 5-4　　　　　　　　　　　　全加器的逻辑功能测试

输　入	被加数 A_n	0	0	0	0	1	1	1	1
	加数 B_n	0	0	1	1	0	0	1	1
	低位进位数 C_{n-1}	0	1	0	1	0	1	0	1
输　出	全加和 S_n								
	进位 C_n								

4. 测试用与非门和异或门组成的全加器的逻辑功能

按图 5 - 5 接线，将输入端 A_n，B_n，C_{n-1} 分别接电平开关，S_n，C_n 分别接至 LED 电平显示插孔，接好线后，测试电路的逻辑功能。并与表 5 - 4 的测试结果进行比较，看逻辑功能是否一致。

5. 测试集成 4 位二进制全加器 74LS283 的逻辑功能

将 A_4，A_3，A_2，A_1 和 B_4，B_3，B_2，B_1 分别接到电平开关上，S_4，S_3，S_2，S_1 接到 LED 电平显示插孔上，CO 引脚接到 LED 电平显示插孔上的高位。按表 5 - 5 的顺序进行测试，并将测试结果填入表 5 - 5 中。

表 5 - 5 74LS283 逻辑功测试

输	入			输	入			输	出			
A_4	A_3	A_2	A_1	B_4	B_3	B_2	B_1	CO	S_4	S_3	S_2	S_1
0	1	0	1	0	0	1	1					
0	1	1	0	0	1	1	1					
1	0	1	1	1	0	0	1					
1	0	1	1	0	1	1	1					

5.2.5 实验讨论

（1）说明用异或门构成的全加器时，为什么要用两个异或门？

（2）分析实验中所出现的故障，并说明其排除的方法。

5.3 编码器和译码器的应用

5.3.1 实验目的

（1）加深理解编码器和译码器等中规模组合逻辑电路的工作原理和功能。

（2）掌握编码器和译码器等中规模集成电路的性能及使用方法。

（3）掌握数码管的使用方法。

5.3.2 实验设备

数字电路实验箱、74LS48，74LS148 和数码显示器。

5.3.3 实验原理

1. 编码器

在数字系统里，将表示了一定信息的高（低）电平编成二进制代码的过程称为编码。具有编码功能的逻辑电路称为编码器。编码器的功能是将具有特定意义的输入信号变换成一组二进制代码。编码器有 m 个输入和 n 个输出，满足关系式 $m \geqslant n$。

本次实验所用到的编码器为 8 线—3 线优先编码器 74LS148，其引脚排列如图 5 - 7 所示。其引脚功能如下：

$\bar{I}_0 \sim \bar{I}_7$ 为 8 线输入端，$\bar{I}_7$ 的优先级别最高，$\bar{Y}_0 \sim \bar{Y}_2$ 为 3 线输出端，$\bar{S}$ 端为使能输入端（低电平有效），Y_S

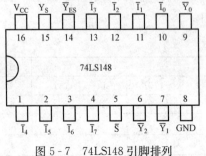

图 5 - 7　74LS148 引脚排列

为使能输出端（$Y_S=0$，表示无输入信号，编码器不工作），$\overline{Y}_{EX}$ 为扩展输出端（$\overline{Y}_{EX}=0$，表示有输入信号，编码器工作）。优先编码器允许两个以上的输入信号同时输入，但是编码器只对优先权最高的输入对象实现编码。

2. 译码器

在数字系统中，需要把二进制代码或二—十进制代码（BCD 码）翻译成字符或十进制数字，并直接显示出来，或翻译成控制信号去执行某些操作，这一"翻译"过程称为译码。根据不同用途，译码器通常分为三类：

（1）显示译码器：用来实现各种显示器件，如 LED 等数码管。

（2）码制变换译码器：如 BCD 码到十进制译码器，余 3 码、格雷码到 8421BCD 码译码器等均属于码制变换译码器。

（3）变量译码器，也称二进制译码器：如 2 线—4 线译码器、3 线—8 线译码器、4 线—16 线译码器等中规模集成译码器都属于此类。

中规模集成译码器 74LS48 可以直接驱动共阴极数码管，当 $V_{CC}=5V$ 时输出电流约为 2mA，其管脚排列如图 5-8 所示。图中，引脚 D，C，B，A 是 4 位二进制代码输入端，其中 D 是最高位，A 是最低位。七个输出端 a，b，c，d，e，f，g 应与数码管的七段引脚相连接。

LED 数码管是由发光二极管作为显示字段的数码显示器件，分共阴型和共阳型两种。常用共阴型有 BS201，BS202，BS203 等；共阳型有 BS211，BS212，BS213 等。图 5-9 所示为共阴数码管、共阳数码管的引脚功能和相应接法。图中，七只发光二极管（a～g 七段）构成字型"8"，还有一只发光二极管 dp 作为小数点。另外，图中 com 端为公共端，若为共阴数码管，使用时 com 端接地；若为共阳数码管，则 com 接电源。

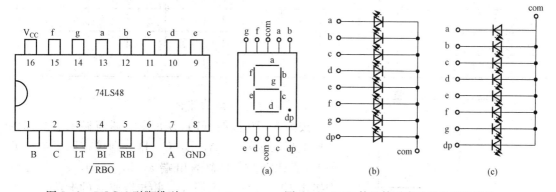

图 5-8　74LS48 引脚排列　　　　图 5-9　LED 数码管引脚功能及两种接法
（a）引脚功能；（b）共阴极；（c）共阳极

译码器 74LS48 的 $\overline{LT}$，$\overline{BI}/\overline{RBO}$，$\overline{RBI}$（3、4、5 引脚）为三个控制端；$\overline{LT}$（试灯输入）接低电平时，输出端 a，b，c，d，e，f，g 全为高电平，连接共阴极数码管时数码管七段全亮，此时与输入的译码信号无关，此功能用于测试数码管的好坏。$\overline{BI}$（灭灯输入）接低电平时，输出端 a，b，c，d，e，f，g 全为低电平，被驱动数码管七段应该全灭，与输入的译码信号无关。$\overline{RBI}$（灭 0 输入）接低电平并且译码输入为 0 时，该位输出显示的 0 字应被熄灭，即不显示；当译码输入为非 0 时，正常显示，该输入端用于消除无效的 0，如数据 0012.1230 可显示为 12.123。$\overline{RBO}$（灭 0 输出），当该译码器的 $\overline{RBI}$ 接低电平且译码输入 D，C，B，A 也为 0 时，$\overline{RBO}$ 输出低电平。相邻译码器之间的 $\overline{RBI}$ 和 $\overline{RBO}$ 的配合使用用于消除无效的 0。如果不用上述功能，则三个控制端接高电平或悬空。

当 D，C，B，A 端依次加入不同的二进制代码，如从 0000～1111 时，译码器输出端 a～g 上将得到另一种与之一一对应的代码，由此控制数码管，使之显示所要求的十进制字型。

5.3.4 实验内容

1. 74LS148 逻辑功能的测试

将 74LS148 的 $\overline{I}_0$～$\overline{I}_7$ 引脚和 $\overline{S}$ 管脚分别接在电平开关上，输出端接至 LED 电平显示插孔上。根据输入信号的优先级别，按表 5-6 的顺序进行测试，并将观察结果填入表中。

表 5-6　　　　　　　　　74LS148 逻辑功能的测试

输　入									输　出				
$\overline{S}$	$\overline{I}_0$	$\overline{I}_1$	$\overline{I}_2$	$\overline{I}_3$	$\overline{I}_4$	$\overline{I}_5$	$\overline{I}_6$	$\overline{I}_7$	$\overline{Y}_2$	$\overline{Y}_1$	$\overline{Y}_0$	$\overline{Y}_{EX}$	Y_S
1	×	×	×	×	×	×	×	×					
0	1	1	1	1	1	1	1	1					
0	×	×	×	×	×	×	×	0					
0	×	×	×	×	×	×	0	1					
0	×	×	×	×	×	0	1	1					
0	×	×	×	×	0	1	1	1					
0	×	×	×	0	1	1	1	1					
0	×	×	0	1	1	1	1	1					
0	×	0	1	1	1	1	1	1					
0	0	1	1	1	1	1	1	1					

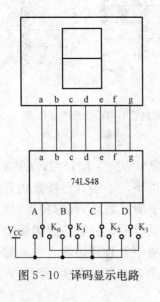

图 5-10　译码显示电路

2. 译码显示电路的测试

按图 5-10 接线（74LS48 输出端与显示器之间的外接电阻已接好），A，B，C，D 分别接在四个电平开关上，74LS48 的七个输出端 a，b，c，d，e，f，g 分别接至 LED 电平显示插孔，并与数码管的七段引脚相连接。

接通电源，分别拨动开关 K_3，K_2，K_1，K_0，观察 74LS48 的输出和数码管的显示，将其结果记录在表 5-7 中。

5.3.5 实验讨论

(1) 说明编码器优先级的含义。

(2) 若实验中选择共阳数码管，当输入代码为 1001 时，译码器七个输出状态如何？显示什么字型？

表 5-7　　　　　　　　　　　　　　　译码显示电路的测试

十进制数	输入二进制码				七段输出高低电平代码							字型显示
	D	C	B	A	a	b	c	d	e	f	g	
0	0	0	0	0								
1	0	0	0	1								
2	0	0	1	0								
3	0	0	1	1								
4	0	1	0	0								
5	0	1	0	1								
6	0	1	1	0								
7	0	1	1	1								
8	1	0	0	0								
9	1	0	0	1								
10	1	0	1	0								
11	1	0	1	1								
12	1	1	0	0								
13	1	1	0	1								
14	1	1	1	0								
15	1	1	1	1								

5.4　触　发　器

5.4.1　实验目的

（1）掌握各种触发器的功能测试方法。

（2）了解触发器的触发方式及其触发特点。

（3）熟悉触发器之间相互转换的方法。

5.4.2　实验设备

数字电路实验箱、JK 触发器选用 74LS112、D 触发器选用 74LS74 和双踪示波器。

5.4.3　实验原理

触发器具有两个稳定状态，用以表示逻辑"1"和"0"，在一定的外界信号作用下，可以从一个稳定状态翻转到另一个稳定状态。它是一个具有记忆功能的二进制信息存储器件，是构成各种时序电路的最基本逻辑单元。

1. JK 触发器 74LS112

JK 触发器是功能完善、使用灵活和通用性较强的一种触发器。它具有置 1、置 0、保持和翻转的功能。JK 触发器常被用作缓冲存储器、移位寄存器和计数器。

本实验采用 74LS112 双 JK 触发器，是下降沿触发的触发器。其引脚排列及逻辑符号如图 5-11 所示。

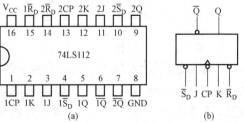

图 5-11　74LS112 双 JK 触发器引脚排列及逻辑符号

（a）引脚排列；（b）逻辑符号

　　J 和 K 是数据输入端，是触发器状态更新的依据，当 J、K 有两个或两个以上输入端时，组成"与"的关系。CP 是时钟脉冲输入端，$\overline{R}_D$ 和 $\overline{S}_D$ 分别是决定触发器初始状态的直接置 0、置 1 端，均为低电平有效。当不需要强迫置 0、置 1 时，$\overline{R}_D$，$\overline{S}_D$ 端应接高电平。Q 与 $\overline{Q}$ 为两个互补输出端。通常把 Q=0、$\overline{Q}=1$ 的状态定为触发器"0"状态；而把 Q=1，$\overline{Q}=0$ 定为"1"状态。JK 触发器的状态方程为 $Q^{n+1}=J\overline{Q}^n+\overline{K}Q^n$，其逻辑功能如表 5-8 所示。

表 5-8　　　　　　　　　　　　　　74LS112 逻辑功能

输　　　　入					输　　　出	
$\overline{S}_D$	$\overline{R}_D$	CP	J	K	Q^{n+1}	$\overline{Q}^{n+1}$
0	1	×	×	×	1	0
1	0	×	×	×	0	1
0	0	×	×	×	φ	φ
1	1	↓	0	0	Q^n	$\overline{Q}^n$
1	1	↓	1	0	1	0
1	1	↓	0	1	0	1
1	1	↓	1	1	$\overline{Q}^n$	Q^n

　　注　×—任意态；↓—高到低电平跳变；↑—低到高电平跳变；φ—不定态。

　　2. D 触发器 74LS74

　　在输入信号为单端的情况下，D 触发器用起来最为方便，其特性方程为 $Q^{n+1}=D$。它的输出状态的更新发生在 CP 脉冲的上升沿，故又称为上升沿触发的边沿触发器，触发器的状态只取决于时钟到来前 D 端的状态。$\overline{R}_D$ 和 $\overline{S}_D$ 仍为直接置 0、置 1 端。本次实验所用到的 74LS74 为双上升沿触发的 D 触发器（有预置、清 0 功能），其引脚排列及逻辑符号如图 5-12 所示，逻辑功能见表 5-9。

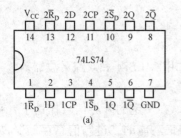

图 5-12　74LS74 引脚排列及逻辑符号
(a) 引脚排列；(b) 逻辑符号

表 5-9　　　　74LS74 逻辑功能

输　　入				输　出
$\overline{S}_D$	$\overline{R}_D$	CP	D	Q^{n+1}
0	1	×	×	1
1	0	×	×	0
0	0	×	×	φ
1	1	↑	1	1
1	1	↑	0	0

　　3. 触发器之间的相互转换

　　在集成触发器的产品中，每一种触发器都有自己固定的逻辑功能，但可以利用转换的方法获得具有其他功能的触发器。例如，将 JK 触发器的 J，K 两端连在一起，就得到所需的 T 触发器，如图 5-13（a）所示。其特性方程为 $Q^{n+1}=T\overline{Q}^n+\overline{T}Q^n$。T 触发器的功能如表 5-10 所示。

　　由功能表 5-10 可见，当 T=0 时，在时钟脉冲作用后，其状态保持不变；当 T=1 时，时钟脉冲作用后，触发器状态翻转。所以，若将 T 触发器的 T 端置 1，如图 5-13（b）所示，即可得 T′触发器。在 T′触发器的 CP 端每加一个 CP 脉冲信号，触发器的状态就翻转一次，所以称为反转触发器，它广泛应用于计数电路中。

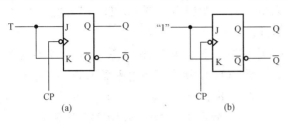

图 5 - 13　JK 触发器转换为 T、T′触发器

（a）T 触发器；（b）T′触发器

表 5 - 10　　T 触发器的功能

输　　　入				输　出
$\overline{S}_D$	$\overline{R}_D$	CP	T	Q^{n+1}
0	1	$\times$	$\times$	1
1	0	$\times$	$\times$	0
1	1	$\downarrow$	0	Q^n
1	1	$\downarrow$	1	$\overline{Q^n}$

同样，若将 D 触发器 $\overline{Q}$ 端与 D 端相连，便转换成 T′触发器，如图 5 - 14 所示。JK 触发器也可转换为 D 触发器，如图 5 - 15 所示。

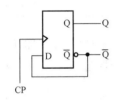

图 5 - 14　D 转换为 T′触发器

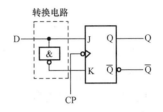

图 5 - 15　JK 转换为 D 触发器

5.4.4　实验内容

1. 测试双 JK 触发器 74LS112 的逻辑功能

（1）测试 $\overline{R}_D$，$\overline{S}_D$ 的复位、置位功能。在 74LS112 中任取一只 JK 触发器，$\overline{R}_D$，$\overline{S}_D$ 端分别连接逻辑电平开关，J，K 悬空，Q，$\overline{Q}$ 端接至逻辑电平显示端，按表 5 - 11 进行测试。

（2）测试 JK 触发器的逻辑功能。将 JK 触发器的 $\overline{R}_D$，$\overline{S}_D$，J，K 端分别连接逻辑电平开关，CP 端接单次脉冲源，Q，$\overline{Q}$ 端接至逻辑电平显示端。按表 5 - 12 逐项测试触发器的逻辑功能，观察触发器状态更新时是否发生在 CP 脉冲的下降沿（即由 1→0），并记录。

表 5 - 11　JK 触发器复位、置位功能测试

$\overline{R}_D$	$\overline{S}_D$	Q	$\overline{Q}$	触发器状态
0	1			
1	0			

表 5 - 12　　　　　　　　　　　　JK 触发器的逻辑功能测试

J	K	CP	Q^n	Q^{n+1}	J	K	CP	Q^n	Q^{n+1}
0	0	0→1 ↑	0		1	0	0→1 ↑		
		1→0 ↓					1→0 ↓		
0	1	0→1 ↑			1	1	0→1 ↑		
		1→0 ↓					1→0 ↓		

（3）用 JK 触发器构成 T 触发器。将 JK 触发器的 J，K 端连在一起，即 J＝K＝T，构成 T 触发器，测试其逻辑功能。设初态 $Q^n=1$，在 CP 端输入 1Hz 连续脉冲，观察 Q 端的变化。当

T=0 和 T=1 时，用示波器观察并记录 CP 与 Q 端波形之间的关系以及 CP 的触发方式。

2. 测试双 D 触发器 74LS74 的逻辑功能

（1）测试 $\overline{R}_D$，$\overline{S}_D$ 的复位、置位功能。将 $\overline{R}_D$，$\overline{S}_D$ 接逻辑电平开关，D，CP 端悬空，Q，$\overline{Q}$ 接在逻辑电平显示端，按表 5-13 表进行测试。

（2）测试 D 触发器的逻辑功能。在 74LS74 中任取一个 D 触发器，将 $\overline{R}_D$，$\overline{S}_D$ 接电平开关，置位后接高电平，D 接电平开关，CP 接单次脉冲源。Q，$\overline{Q}$ 接在逻辑电平显示端。按表 5-14 进行测试，观察触发器状态更新时是否发生在 CP 脉冲的上升沿（即由 0→1），并记录。

表 5-13　D 触发器复位、置位功能测试

$\overline{R}_D$	$\overline{S}_D$	Q	$\overline{Q}$	触发器状态
0	1			
1	0			

表 5-14　D 触发器的逻辑功能测试

D	CP	Q^n	Q^{n+1}
0	0→1 ↑		
	1→0 ↓		
1	0→1 ↑		
	1→0 ↓		

（3）用 D 触发器构成 T′ 触发器。将 D 触发器的 $\overline{Q}$ 端与 D 端相连接，构成 T′ 触发器。将 $\overline{R}_D$，$\overline{S}_D$ 接高电平，测试其逻辑功能。在 CP 端输入 1Hz 连续脉冲，用示波器观察并记录 CP 与 Q 端波形之间的关系以及 CP 的触发方式。

5.4.5　实验讨论

（1）比较各种不同类型触发器的触发方式有什么不同。

（2）普通机械开关组成的数据开关所产生的信号，是否可作为触发器的时钟脉冲信号？是否可以作为触发器的其他输入端的信号？

5.5　计　数　器

5.5.1　实验目的

（1）学习用集成触发器构成计数器的方法。

（2）掌握中规模集成计数器的使用及功能测试方法。

5.5.2　实验设备

数字电路实验箱、芯片 74LS74×2、74LS192×2 和 74LS00。

5.5.3　实验原理

计数器是一个用以实现计数功能的时序部件，它不仅可用来计算脉冲个数，还常用作数字系统的定时、分频和执行数字运算，以及其他特定的逻辑功能。

1. 用 D 触发器构成异步二进制加/减计数器

图 5-16 所示为用四只 D 触发器构成的四位二进制异步加法计数器，它的连接特点是将每只 D 触发器接成 T′ 触发器，再由低位触发器的 $\overline{Q}$ 端和

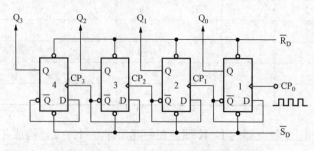

图 5-16　四位二进制异步加法计数器

高一位的 CP 端相连接。清零后，送入第一个计数脉冲，计数器显示为 0001 状态；送入第二个计数脉冲，最低位计数器由"1"到"0"，并向高位送出一个进位脉冲，使第二级触发器翻转，成为 0010 状态。依此类推，分别送入十六个脉冲。

若将图 5-16 稍加改动，即将低位触发器的 Q 端与高一位的 CP 端相连接，即构成了四位二进制异步减法计数器，如图 5-17 所示。

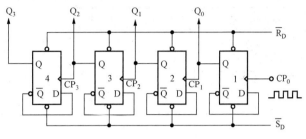

图 5-17　四位二进制异步减法计数器

2. 中规模十进制计数器 74LS192

74LS192 是同步十进制可逆计数器，具有双时钟输入、清除和置数等功能，其引脚排列及逻辑符号如图 5-18 所示。其中，D_0，D_1，D_2，D_3 为计数器输入端；Q_0，Q_1，Q_2，Q_3 为数据输出端；$\overline{LD}$ 为置数端；CP_U 为加计数端；CP_D 为减计数端；R_D 为清零端；$\overline{CO}$ 为非同步进位输出端；$\overline{BO}$ 为非同步借位输出端。74LS192 的逻辑功能见表 5-15。

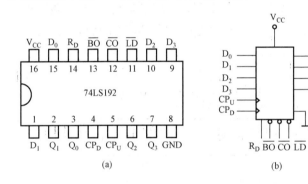

图 5-18　74LS192 引脚排列及逻辑符号

（a）引脚排列；（b）逻辑符号

当清零端 R_D 为高电平"1"时，计数器直接清零；R_D 置低电平则执行其他功能。

当 R_D 为低电平，置数端 $\overline{LD}$ 也为低电平时，数据直接从置数端 D_0，D_1，D_2，D_3 置入计数器。

当 R_D 为低电平，$\overline{LD}$ 为高电平时，执行计数功能。执行加计数时，减计数端 CP_D 接高电平，计数脉冲由 CP_U 输入；在计数脉冲上升沿进行 8421 码十进制加法计数。执行减计数时，加计数端 CP_U 接高电平，计数脉冲由减计数端 CP_D 输入，表 5-16 为 8421 码十进制加、减计数器的状态转换表。

表 5-15　　　　　　　　　　　　　**74LS192 的逻辑功能**

输　　　入								输　　　出			
R_D	$\overline{LD}$	CP_U	CP_D	D_3	D_2	D_1	D_0	Q_3	Q_2	Q_1	Q_0
1	×	×	×	×	×	×	×	0	0	0	0
0	0	×	×	d	c	b	a	d	c	b	a
0	1	↑	1	×	×	×	×	加　计　数			
0	1	1	↑	×	×	×	×	减　计　数			

表 5 - 16　　　　　　　　十进制加、减计数器的状态转换表

加计数 →

输入脉冲数		0	1	2	3	4	5	6	7	8	9
输出	Q_3	0	0	0	0	0	0	0	0	1	1
	Q_2	0	0	0	0	1	1	1	1	0	0
	Q_1	0	0	1	1	0	0	1	1	0	0
	Q_0	0	1	0	1	0	1	0	1	0	1

← 减计数

3. 实现任意进制计数

用复位法获得任意进制计数器，假定已有 N 进制计数器，而需要得到一个 M 进制计数器时，只要 $M<N$，用复位法使计数器计数到 M 时置 "0"，即获得 M 进制计数器。图 5 - 19 所示为一个由 74LS192 十进制计数器接成的六进制计数器。

4. 计数器的级联使用

一个十进制计数器只能表示 0～9 十个数，为了扩大计数器范围，常用多个十进制计数器级联使用。同步计数器往往设有进位（或借位）输出端，故可选用其进位（或借位）输出信号驱动下一级计数器。图 5 - 20 所示为由 74LS192 利用进位输出端 $\overline{CO}$ 控制高一位的 CP_U 端构成的加数级联电路。

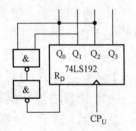

图 5 - 19　六进制计数器

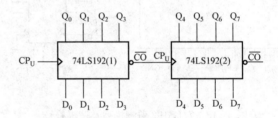

图 5 - 20　74LS192 构成的加数级联电路

5.5.4　实验内容

1. 用 74LS74 D 触发器构成四位二进制异步加法计数器

按图 5 - 16 接线，将清零端 $\overline{R}_D$ 接至逻辑电平开关，$\overline{S}_D$ 接逻辑电平开关并置于高电平 "1"。将低位 CP_0 端接单次脉冲源，输出端 Q_3、Q_2、Q_1、Q_0 接逻辑电平显示端，清零后，逐个送入单次脉冲，观察并记录 Q_3～Q_0 状态，填入表 5 - 17 中。将单次脉冲改为 1Hz 的连续脉冲，观察 Q_3～Q_0 的状态。

表 5 - 17　　　　　　　　　加 法 计 数 器

计数脉冲	二 进 制 码				计数脉冲	二 进 制 码			
CP	Q_3	Q_2	Q_1	Q_0	CP	Q_3	Q_2	Q_1	Q_0
0	0	0	0	0	4				
1					5				
2					6				
3					7				

续表

计数脉冲	二 进 制 码				计数脉冲	二 进 制 码			
8					13				
9					14				
10					15				
11					16				
12					17				

2. 用 74LS74 D 触发器构成四位二进制异步减法计数器

将图 5 - 16 电路中的低位触发器的 Q 端与高一位的 CP 端相连接，构成减法计数器，参考上面的步骤进行实验，观察记录 $Q_3 \sim Q_0$ 的状态，并填入表 5 - 18 中。

表 5 - 18　　　　　　　　　　　　　减 法 计 数 器

计数脉冲	二 进 制 码				计数脉冲	二 进 制 码			
CP	Q_3	Q_2	Q_1	Q_0	CP	Q_3	Q_2	Q_1	Q_0
0	1	1	1	1	9				
1					10				
2					11				
3					12				
4					13				
5					14				
6					15				
7					16				
8					17				

3. 测试 74LS192 同步十进制可逆计数器的逻辑功能

74LS192 计数脉冲由单次脉冲源提供，清零端 R_D、置数端 $\overline{LD}$、数据输入端 D_3，D_2，D_1，D_0 分别接逻辑电平开关；输出端 Q_0，Q_1，Q_2，Q_3 接实验设备的译码显示输入插孔 A，B，C，D；同时将 Q_0，Q_1，Q_2，Q_3 接逻辑电平显示端，以便观察 Q_0，Q_1，Q_2，Q_3 的输出状态。$\overline{CO}$ 和 $\overline{BO}$ 接逻辑电平显示端。

（1）加计数。CR=0，$\overline{LD}=CP_D=1$，CP_U 接单次脉冲源。清零后送入 10 个单次脉冲，观察译码数字显示是否按 8421 码十进制状态转换；并记录于表 5 - 19 中。

表 5 - 19　　　　　　　　　　　　　74LS192 计 数 器

计数脉冲	二 进 制 码				十进制数	计数脉冲	二 进 制 码				十进制数
	Q_3	Q_2	Q_1	Q_0			Q_3	Q_2	Q_1	Q_0	
0	0	0	0	0		6					
1						7					
2						8					
3						9					
4						10					
5											

（2）减计数。CR＝0，$\overline{LD}$＝CP_U＝1，CP_D 接单次脉冲源。参照加计数进行实验。

4. 实现任意进制计数

按图 5-19 接线，用 74LS192 实现将一个十进制计数器转换成六进制计数器。Q_3，Q_2，Q_1，Q_0 接译码显示输入的相应插孔 D，C，B，A，$\overline{CO}$ 和 $\overline{BO}$ 接逻辑电平显示端，CP_U 接单次脉冲源进行计数，观察记录其状态。

5. 74LS192 计数器的级联

按图 5-20 所示，用两片 74LS192 组成两位十进制加法计数器，R_D 接电平开关置高电平，输入 1Hz 连续计数脉冲，进行由 00～99 累加计数，观察其变化状态。

将两位十进制加法计数器改为两位十进制减法计数器，实现从 99～00 递减计数，观察并记录。

5.5.5　实验讨论

（1）观察计数器输出状态变化是发生在 CP_U 的上升沿还是下降沿？

（2）总结使用集成计数器的体会。

5.6　移位寄存器

5.6.1　实验目的

（1）熟悉移位寄存器的组成和逻辑功能。

（2）掌握中规模 4 位双向移位寄存器的逻辑功能及使用方法。

（3）了解移位寄存器的应用。

5.6.2　实验设备

数字电路实验箱、芯片 74LS74×2、74LS194 和 74LS20。

5.6.3　实验原理

寄存器是用来暂时存放数据的功能器件，移位寄存器则是一个具有移位功能的寄存器，是指寄存器中所存的代码能够在移位脉冲的作用下依次左移或右移。既能左移又能右移的称为双向移位寄存器，只需要改变左、右移的控制信号便可实现双向移位要求。

1. 由 D 触发器组成的移位寄存器

图 5-21 所示为由 D 触发器 74LS74 串联组成的 3 位右移移存器。其中第一个触发器的输入端接受输入信号，其余的每个触发器输入端均与前一个触发器的 Q 端相连。

2. 集成 74LS194 双向移位寄存器

74LS194 为 4 位双向移位寄存器。其管脚排列如图 5-22 所示。图中，D_0～D_3 为数据

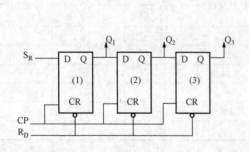

图 5-21　D 触发器串联组成的 3 位右移寄存器

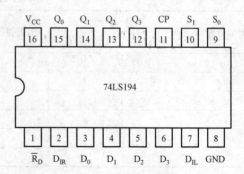

图 5-22　74LS194 管脚排列图

并行输入端；$Q_0 \sim Q_3$ 为数据并行输出端；D_{IR} 为数据右移串行输入端，D_{IL} 为数据左移串行输入端；S_1，S_0 为操作模式控制端；$\overline{R_D}$ 为清零端；CP 为时钟脉冲输入端。74LS194 有并行送数寄存、右移（方向由 $Q_0 \rightarrow Q_3$）、左移（方向由 $Q_3 \rightarrow Q_0$）、保持及清零 5 种不同的操作模式。S_1，S_0 和 $\overline{R_D}$ 端的控制作用见表 5-20。

表 5-20　　　　　　　　　　　　　　　74LS194 逻辑功能

功能	输 入									输 出			
	CP	$\overline{R_D}$	S_1	S_0	D_{IR}	D_{IL}	D_0	D_1	D_2	D_3	Q_0	Q_1	Q_2	Q_3
清除	$\times$	0	$\times$	$\times$	$\times$	$\times$	$\times$	$\times$	$\times$	$\times$	0	0	0	0
送数	$\uparrow$	1	1	1	$\times$	$\times$	a	b	c	d	a	b	c	d
右移	$\uparrow$	1	0	1	D_{SR}	$\times$	$\times$	$\times$	$\times$	$\times$	D_{SR}	Q_0	Q_1	Q_2
左移	$\uparrow$	1	1	0	$\times$	D_{SL}	$\times$	$\times$	$\times$	$\times$	Q_1	Q_2	Q_3	D_{SL}
保持	$\uparrow$	1	0	0	$\times$	$\times$	$\times$	$\times$	$\times$	$\times$	Q_0^n	Q_1^n	Q_2^n	Q_3^n
保持	$\downarrow$	1	$\times$	$\times$	$\times$	$\times$	$\times$	$\times$	$\times$	$\times$	Q_0^n	Q_1^n	Q_2^n	Q_3^n

3. 移位寄存器应用

移位寄存器应用很广，可构成移位寄存器型计数器、顺序脉冲发生器和串行累加器；可用作数据转换，即把串行数据转换为并行数据，或把并行数据转换为串行数据等。本实验研究移位寄存器用作环形计数器和数据的串行/并行转换。

（1）环形计数器。把移位寄存器的输出反馈到它的串行输入端，就可以进行循环移位。如图 5-23 所示，把输出端 Q_3 和右移串行输入端 D_{IR} 相连接，设初始状态 $Q_0 Q_1 Q_2 Q_3 = 1000$，则在时钟脉冲作用下 $Q_0 Q_1 Q_2 Q_3$ 将依次变为 $0100 \rightarrow 0010 \rightarrow 0001 \rightarrow 1000 \rightarrow \cdots$，如表 5-21 所示，可见它是一个具有 4 个有效状态的计数器，这种类型的计数器通常称为环形计数器。图 5-23 所示电路可以由各个输出端输出在时间上有先后顺序的脉冲，因此也可作为顺序脉冲发生器。

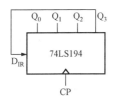

图 5-23　环形计数器

表 5-21　　　　移位寄存器状态转换

CP	Q_0	Q_1	Q_2	Q_3
0	1	0	0	0
1	0	1	0	0
2	0	0	1	0
3	0	0	0	1

如果将输出 Q_0 与左移串行输入端 D_{IL} 相连接，则可实现左移循环移位。

（2）实现数据串行/并行转换。串行/并行转换是指串行输入的数据，经转换电路之后变换成并行输出。图 5-24 所示是用四位双向移位寄存器 74LS194 组成的三位串行/并行转换器。

串行/并行转换的具体过程如下：转换前，$\overline{R_D}$ 端加低电平，使寄存器的内容清 0，此时 $S_1 S_0 = 11$，寄存器处于并行置入工作方式。当第一个 CP 脉冲到来后，寄存器的输出状态 $Q_0 \sim Q_3$ 为 0111，与此同时 $S_1 S_0$ 变为 01，转换电路变为执行串入右移工作方式，串行输入数据由 D_{IR} 端加入。随着 CP 脉冲的依次输入，输出状态的变化见表 5-22。

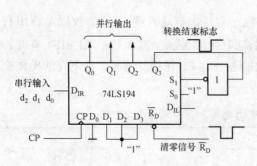

图 5 - 24　74LS194 构成三位串行/并行转换器

表 5 - 22			串行/并行转换表		
CP	Q_0	Q_1	Q_2	Q_3	说明
0	0	0	0	0	清零
1	0	1	1	1	送数
2	d_0	0	1	1	右移操作 三次
3	d_1	d_0	0	1	
4	d_2	d_1	d_0	0	
5	0	1	1	1	送数

由表 5 - 22 可见，右移操作三次后，Q_3 变成 0，S_1S_0 又变成 11，说明串行输入结束。这时，串行输入的数码已经转换成了并行输出。当再来一个 CP 脉冲时，电路又重新执行一次并行输入，为第二组串行数码转换做好准备。

5.6.4　实验内容

1. 测试由 D 触发器组成的移位寄存器功能

（1）用双 D 触发器 74LS74 组成 3 位右移寄存器。按图 5 - 21 接线，第一个触发器的输入端 CP 接到单次脉冲作为移位脉冲源，以发光二极管 LED 显示各触发器的输出状态，串行输入接到逻辑电平开关。先将它清 0，然后由第一级触发器的控制输入端 D_1 依次送入 3 位二进制数码（如 101），观察数码在移位寄存器中的移位情况，将结果填入表 5 - 23 中。分析由移位寄存器并行输出端并行读出 3 位数码，需经几个移位脉冲。若由末级输出端 Q_3 串行读出 3 位数码，则又需多少个移位脉冲。

表 5 - 23　　　　　　　　　　　D 触发器组成的移位寄存器功能

输　　入		输　　出			输　　入		输　　出		
CP	D	Q_1	Q_2	Q_3	CP	D	Q_1	Q_2	Q_3
0	1				4	0			
1	0				5	0			
2	1				6	0			
3	0								

（2）用 74LS74 实现环形计数器。将（1）中的 3 位移位寄存器加上反馈线（D_1 与 Q_3 相连接）组成环形计数器。先以单次脉冲信号作为计数时钟，反复开机以观察电路能否自启动，再利用触发器的异步清 0 和置 1 功能，将计数器预置成不同的初态（如 $Q_3Q_2Q_1$ 为 000，001，011 等），观察 $Q_3Q_2Q_1$ 的输出状态并画出状态转换图。

任选一种启动方法使环形计数器实现自启动。以"kHz"信号作时钟，观测输出 Q_1，Q_2，Q_3 与时钟的同步波形。

2.74LS194 逻辑功能的测试

（1）将 74LS194 的各输入端接逻辑电平开关，CP 接单脉冲，输出接逻辑电平显示，按照表 5 - 24 所列的实验顺序逐项进行测试，观察输出状态，并将结果填入表 5 - 24 中。

表 5 - 24   **74LS194 逻辑功能的测试**

输 入										输 出				功能说明
$\overline{R}_D$	S_1	S_0	CP	D_{IL}	D_{IR}	D_0	D_1	D_2	D_3	Q_0	Q_1	Q_2	Q_3	
0	×	×	×	×	×	×	×	×	×					
1	1	1	↑	×	×	1	0	1	0					
1	0	1	↑	×	1	×	×	×	×					
1	0	1	↑	×	0	×	×	×	×					
1	1	0	↑	1	×	×	×	×	×					
1	1	0	↑	0	×	×	×	×	×					
1	0	0	↑	×	×	×	×	×	×					

（2）环形计数器。将 74LS194 按图 5 - 23 所示连线，输入端接逻辑电平开关，输出接逻辑电平显示插孔，CP 接数字信号发生器的低频连续脉冲。用并行送数法置寄存器为 0111，然后进行循环右移，观察寄存器输出端状态的变化，并记录状态转换关系。

（3）实现数据的并行输入、串行输出。按图 5 - 25 所示接线。清零端接逻辑电平开关，CP 及转换启动端接单次脉冲，进行并入、串出实验。并入数据 $D_1 D_2 D_3 = 101$，填入表 5 - 25 中并说明其工作过程。

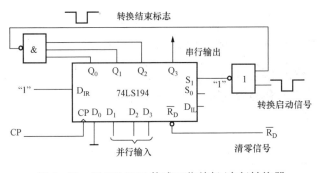

图 5 - 25 用 74LS194 构成三位并行/串行转换器

表 5 - 25 并入/串出测试表

CP	Q_0	Q_1	Q_2	Q_3
0				
1				
2				
3				
4				
5				

5.6.5　实验讨论

（1）分析表 5 - 25 的实验结果，总结移位寄存器 74LS194 的逻辑功能。

（2）总结串行/并行转换器和并行/串行转换器的工作原理及过程。

5.7　D/A 和 A/D 转换器

5.7.1　实验目的

（1）了解 D/A 和 A/D 转换器的基本工作原理和基本结构。

（2）熟悉集成 D/A 和 A/D 转换器的性能，掌握其使用方法。

5.7.2　实验设备

数字电路实验箱、双踪示波器、直流数字电压表、芯片 DAC0832、芯片 ADC0809，芯片 μA741，电位器、电阻、电容若干。

5.7.3 实验原理

在数字电子技术的很多应用场合往往需要把模拟量转换为数字量的电路,称为模/数转换器 (A/D 转换器,简称 ADC);或把数字量转换成模拟量的电路,称为数/模转换器 (D/A 转换器,简称 DAC)。能完成这种转换的线路有很多种,特别是单片大规模集成 A/D, D/A 转换器的问世,为实现上述的转换提供了极大的方便。使用者借助于手册提供的器件性能指标及典型应用电路,即可正确使用这些器件。

1. D/A 转换器 DAC0832

DAC0832 是采用 CMOS 工艺制成的单片电流输出型 8 位数/模转换器。图 5 - 26 所示为 DAC0832 单片 D/A 转换器的逻辑框图及引脚排列图。

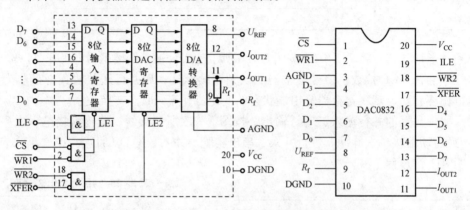

图 5 - 26 DAC0832 单片 D/A 转换器的逻辑框图和引脚排列图

器件的核心部分采用倒 T 形电阻网络的 8 位 D/A 转换器,如图 5 - 27 所示。它由倒 T 形 $R—2R$ 电阻网络、模拟开关、运算放大器和参考电压 U_{REF} 四部分组成。

DAC0832 的引脚功能说明如下:

(1) $D_0 \sim D_7$:数字信号输入端。

(2) ILE:输入寄存器允许信号,输入高电平有效。

(3) $\overline{CS}$:片选输入信号端,低电平有效。

(4) $\overline{WR1}$:输入写信号 1,低电平有效。

(5) $\overline{WR2}$:输入写信号 2,低电平有效。

(6) $\overline{XFER}$:数据传送控制信号,低电平有效。

(7) I_{OUT1},I_{OUT2}:DAC 电流输出端。外接运放时,I_{OUT1} 接运放的反相输入端,I_{OUT2} 接运放的同相输入端或模拟地。

(8) R_f:反馈电阻,是集成在片内的外接运放的反馈电阻。

(9) U_{REF}:基准电压输入端。一般在 $-10 \sim +10V$ 范围内,由外电路供给。

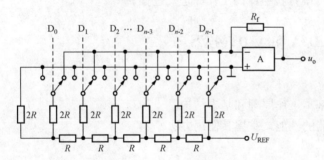

图 5 - 27 倒 T 形电阻网络的 8 位 D/A 转换器

（10）V_{CC}：电源电压，5～15V。

（11）AGND：模拟地，为芯片模拟电路接地点。

（12）NGND：数字地，为芯片数字电路接地点。

DAC0832 输出的是电流，要转换为电压，还必须经过一个外接的运算放大器。其实验线路如图 5-28 所示。

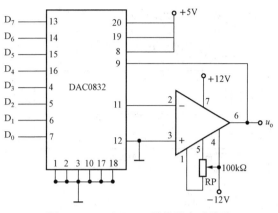

图 5-28 DAC0832 转换器实验线路

2. A/D 转换器 ADC0809

ADC0809 是采用 CMOS 工艺制成的单片 8 位 8 通道逐次渐近型模/数转换器。其逻辑框图如图 5-29 所示，引脚排列图如图 5-30 所示。

器件的核心部分是 8 位 A/D 转换器，它由比较器、逐次渐近寄存器、D/A 转换器及控制和定时 5 部分组成。

ADC0809 的引脚功能说明如下：

（1）$IN_0 \sim IN_7$：8 路模拟信号输入端。

（2）ADDA，ADDB，ADDC：三位地址输入端。

（3）ALE：地址锁存允许输入信号，在此脚施加正脉冲，上升沿有效，此时锁存地址码，从而选通相应的模拟信号通道，以便进行 A/D 转换。

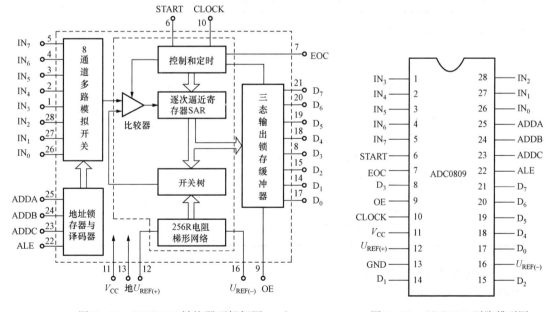

图 5-29 ADC0809 转换器逻辑框图　　　　图 5-30 ADC0809 引脚排列图

（4）START：启动信号输入端，应在此脚施加正脉冲，当上升沿到达时，内部逐次逼近寄存器复位，在下降沿到达后，开始 A/D 转换过程。

（5）EOC：A/D 转换结束输出信号（转换结束标志），高电平有效。

（6）OE：输出允许信号，高电平有效。

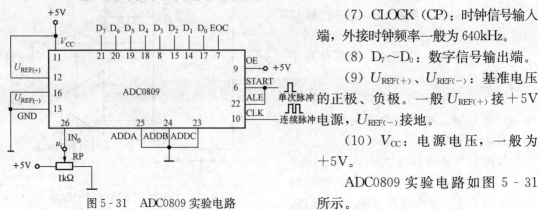

图 5-31　ADC0809 实验电路

（7）CLOCK（CP）：时钟信号输入端，外接时钟频率一般为 640kHz。

（8）$D_7 \sim D_0$：数字信号输出端。

（9）$U_{REF(+)}$、$U_{REF(-)}$：基准电压的正极、负极。一般 $U_{REF(+)}$ 接 +5V 电源，$U_{REF(-)}$ 接地。

（10）V_{CC}：电源电压，一般为 +5V。

ADC0809 实验电路如图 5-31 所示。

5.7.4　实验内容

1. D/A 转换器功能的测试

（1）按图 5-28 所示电路接线，电路接成直通方式，即 $\overline{CS}$，$\overline{WR1}$，$\overline{WR2}$，$\overline{XFER}$ 接地；ALE，V_{CC}，U_{REF} 接 +5V 电源；运放电源接 ±12V；$D_0 \sim D_7$ 接逻辑电平开关，输出端 u_o 接至直流数字电压表。

（2）调零。令 $D_0 \sim D_7$ 全部置为 0，调节运放的电位器 RP 使 μA741 输出为零。

（3）按表 5-26 所列的输入数字信号，用数字电压表逐次测量运放的输出电压 u_o，并将测量结果填入表 5-26 中，与理论值进行比较。

表 5-26　　　　　　　　　　D/A 转换电路功能的测试

输入数字量								输出模拟电压（V）	
D_7	D_6	D_5	D_4	D_3	D_2	D_1	D_0	实测值	理论值
0	0	0	0	0	0	0	0		
0	0	0	0	0	0	0	1		
0	0	0	0	0	0	1	1		
0	0	0	0	0	1	1	1		
0	0	0	0	1	1	1	1		
0	0	0	1	1	1	1	1		
0	0	1	1	1	1	1	1		
0	1	1	1	1	1	1	1		
1	1	1	0	1	1	1	1		

2. A/D 转换器的功能测试

按图 5-31 所示电路接线。

（1）将三位地址线同时接地，选通模拟输入 IN_0 进行 A/D 转换；时钟脉冲端接频率为 500kHz 的连续脉冲；启动信号 START 和地址锁存信号 ALE 相连，接单次脉冲；输出允许信号 OE 固定接高电平；输出端 $D_7 \sim D_0$ 分别接逻辑电平显示。

（2）调节电位器 RP，输入单次脉冲，使 ADC0809 的输出 $D_7 \sim D_0$ 全为高电平，测量输入的模拟电压值，将结果填入表 5-27 中。

（3）调节电位器 RP，改变输入模拟电压 u_i 值，每次输入一个单次脉冲，观察并记录每次输出端的状态，填入表 5 - 27 中。

表 5 - 27 A/D 转换器的功能测试

输入模拟电压（V）	输出							
	D_7	D_6	D_5	D_4	D_3	D_2	D_1	D_0
	1	1	1	1	1	1	1	1
4								
3								
2								
1								
0.5								
0.2								
0.1								

5.7.5 实验讨论

分析实验中可能出现的故障，并说明其排除的方法。

第3篇 电子技术课程设计

第6章 Protel 99SE 基础教程

6.1 Protel 99SE 常用功能介绍

Protel 99SE 是新一代电路原理图辅助设计与绘制软件，其功能模块包括电路原理图设计、印制电路板设计、电路信号仿真、可编程逻辑器件设计等，是集成的一体化的电路设计与开发环境。

6.1.1 启动 Protel 99SE

双击 Protel 99SE 图标即可启动 Protel 99SE 程序。也可选取菜单命令，开始/程序/Protel 99SE，即可启动 Protel 99SE，启动应用程序后出现如图 6-1 所示的界面。

进入 Protel 99SE 的主窗口后，可以发现 Protel 99SE 是一个真正的 Windows 软件，整个工作环境就是 Windows 风格的。主窗口包括三个下拉菜单：File 文件菜单、View 视图菜单、Help 帮助菜单。主窗口下方是三个相应的图标按钮。：打开或关闭文件管理器。 ：打开一个设计文件。 ?：开帮助文件。

6.1.2 新建一个项目

在 Protel 99SE 的主窗口，单击 File 文件菜单中 New 项，可以新建设计数据库。如图 6-2 所示。新建的设计文件有两种方式：一种是 MS Access Database，全部文件存储在单一的数据库中；另一种是 Windows File System，全部文件直接保存在对话框底部指定的文件夹中。

图 6-1 Protel 99SE 主窗口

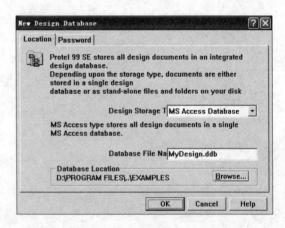

图 6-2 新建数据库

在如图 6-2 中，首先单击 Browse 按钮选取需要存储的文件夹，然后单击 OK 按钮即可建立自己的设计数据库，进入设计环境。出现设计管理界面（如图 6-3）时就可以进行电路设计或其他工作了。进入原理图设计环境的操作过程如下：

（1）进入 Protel 99SE 系统，执行 File / New 命令建立新的设计数据库，或打开一个已存在的设计数据库。

（2）建立或打开设计数据库后，系统将显示如图 6-3 所示的界面。此时用户就可以进行创建新的原理图文件操作。

图 6-3 设计管理器界面

（3）执行当前界面中的 File / New 命令，弹出 New Document 对话框，如图 6-4 所示，选取 Schematic Document 图标，然后单击 OK 按钮。

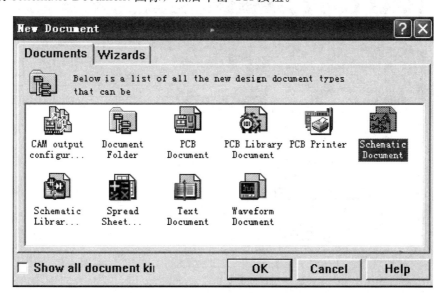

图 6-4 新建文件对话框

注意：用户可以在 .ddb 数据库文件的根目录下创建新的电路原理图图形文件，也可以双击 Documents 图标，进入 Documents 子目录进行创建新文件操作，创建文件的操作过程一样。

（4）新建立的文件将包含在当前的设计数据库中，系统默认的文件名为"Sheetl"，用户可以在设计管理器中更改文件名，更改后的文件名将显示在设计数据库中，如图 6-5 中所示的 Contrl1.sch 文件。

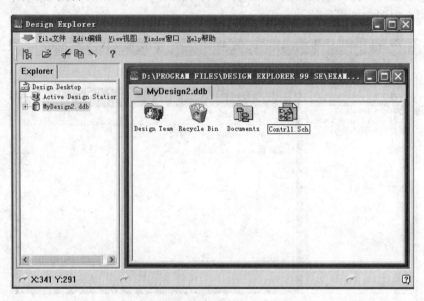

图 6-5　生成 Contrl.sch 文件后的视图

单击此文件，系统将进入原理图编辑器，此时用来实现电路原理图设计和绘制的工具菜单将全部显示出来，如图 6-6 所示，现在就可以进行图形的设计与绘制了。

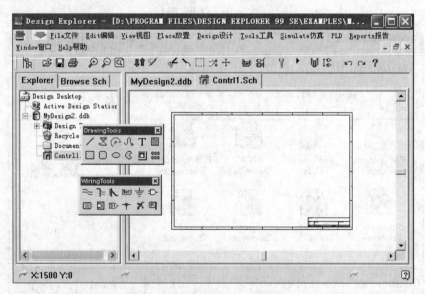

图 6-6　原理图设计编辑器界面

Protel 99SE 里提供了丰富的编辑器资源，如图 6-4 的图标所示。每个图标的意义如下：

CAM output configur...：生成 CAM 制造输出文件，可以连接电路图和电路板的生产制造各个阶段。

Document Folder：建立设计文档或文件夹。

PCB Document：印制电路板设计编辑器。

PCB Library Document：印制电路板元器件封装编辑器。

PCB Printer：印制电路板打印编辑器。

Schematic Document：原理图设计编辑器。

Schematic Library...：原理图元器件编辑器。

Spread Sheet...：表格处理编辑器。

Text Document：文字处理编辑器。

Waveform Document：波形处理编辑器。

6.1.3　电路原理图设计的一般步骤

电路原理图设计是整个电路设计的基础。它决定了后面工作的进展。一般地，设计一个电路原理图的工作包括：设置电路图图纸大小，规划电路图的总体布局，在图纸上放置元器件，进行布局和布线，然后对各元器件以及布线进行调整，最后保存并打印输出。电路原理图的设计过程一般可以按如图6-7所示的设计流程进行。

（1）启动 Protel 99SE 电路原理图编辑器。用户首先必须启动原理图编辑器，才能进行设计绘图工作，该操作可参考前面的内容。

（2）设置电路图图纸大小以及版面。设计绘制原理图前必须根据实际电路的复杂程度来设置图纸的大小，设置图纸的过程实际上是一个建立工作平面的过程，用户可以设置图纸的大小、方向、网格大小以及标题栏等。

（3）在图纸上放置需要设计的元器件。这个阶段，就是用户根据实际电路的需要，从元器件库里取出所需的元器件放置到工作平面上。用户可以根据元器件之间的走线等联系对元器件在工作平面上的位置进行调整、修改，并对元器件的编号、封装进行定义和设定等，为下一步工作打好基础。

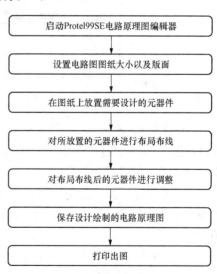

图6-7　电路原理图设计一般流程

（4）对所放置的元器件进行布局布线。该过程实际上就是一个画图的过程。用户利用 Protel 99SE 提供的各种工具、指令进行布线，将工作平面上的器件用具有电气意义的导线、符号连接起来，构成一个完整的电路原理图。

（5）对布局布线后的元器件进行调整。在这一阶段，用户利用 Protel 99SE 所提供的各种强大功能对所绘制的原理图进行进一步的调整和修改，以保证原理图的美观和正确。这就需要对元器件位置重新调整，删除、移动导线位置，更改图形尺寸、属性及排列。

（6）保存设计绘制的电路原理图。这个阶段是对设计完的原理图进行存盘操作。

（7）打印出图。这个阶段实际上是对设计的图形文件输出的管理过程，是一个设置打印参数和打印输出的过程。

6.1.4　图纸设置

1. 设置图纸大小

用大小合适的图纸来绘制电路图，可以使显示和打印都相当清晰，而且也比较节省磁盘存储空间。

（1）选择标准图纸。关于图纸大小的设置，可使用菜单命令 Design /Options，执行该命令后，系统将弹出 Document Options 对话框，并在其中选择 Sheet Options 选项卡进行设置，如图 6 - 8 所示。

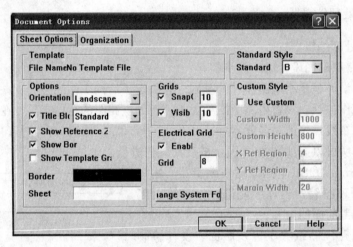

图 6 - 8　文档选项的图纸选项卡

Protel 99SE Schematic 提供了十多种广泛使用的英制及公制图纸尺寸供用户选择。用户可以在图 6 - 8 所示对话框中 Standard Style Standard 栏的下拉列表框中选取。如果用户需要，也可以自定义图纸的尺寸。

（2）自定义图纸。如果需要自定义图纸尺寸，必须设置图 6 - 8 所示 Custom Style 栏中的各个选项。首先必须在 Custom Style 栏中勾选 Use Custom 复选框，以激活自定义图纸功能。

Custom Style 栏中其他各项设置的含义如下：

Custom Width 编辑框：自定义图纸的宽度，在此定义图纸宽度为 1000。

Custom Height 编辑框：自定义图纸的高度，在此定义图纸高度为 800。

X Ref Region（Count）编辑框：X 轴参考坐标分格，在此定义分格数为 4。

Y Ref Region（Count）编辑框：Y 轴参考坐标分格，在此定义分格数为 4。

Marain Width 编辑框：边框的宽度，在此定义编辑框宽度为 20。

根据设置上述参数就自定义了一张自己的图纸。

（3）设置图纸方向。图纸是纵向还是横向，以及边框颜色的设置等，可使用菜单命令

Design / Options 实现。执行该命令后，系统将弹出 Document Options 对话框，在其中选择 Sheet Options 选项卡进行设置，如图 6‐8 所示。

Schematic 允许电路图图纸在显示及打印时选择为横向（Landscape）或纵向（Portait）格式。具体设置可在 Options 选项中的 Orientation（方位）下拉列表框中选取。通常情况下，在绘制及显示时设为横向，在打印时设为纵向打印。

（4）设置图纸颜色。图纸颜色设置包括图纸边框色（Border Color）和图纸底色（Sheet Color。）的设置。

在图 6‐8 中，Border 选项用来设置边框的颜色，默认设置为黑色。要变更边框颜色时，可以在右边的颜色框中用单击鼠标，系统将会弹出 Choose Color（选择颜色）对话框，如图 6‐9 所示，用户可通过它来选取新的边框颜色。

单击 Sheet 选项用来设置图纸的底色，默认的设置为浅黄色。要变更底色时，可以在该栏右边的颜色框上单击鼠标，打开 Choose Color 对话框，然后选出新的图纸底色。

Choose Color 对话框的 Basic colors 框中列出了当前 Schematic 可用的 239 种颜色，并定位于当前所使用的颜色。如果用户希望变更当前使用的颜色，可直接在 Basic colors 栏或 Custom colors 栏中用鼠标单击选取。

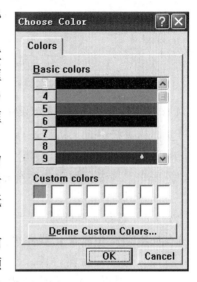

图 6‐9 选择颜色对话框

2. 电气节点设置

在如 6‐8 所示的 Electrical Grid 选项中的各选项与设置电气节点有关。勾选 Enable 选项，表示启用该项功能；Grid（Range）（节点范围）框可以用来设置搜索半径。如果勾选此项，则在画导线时，系统会以 Grid 中设置的值为半径，以光标所在位置为中心，向四周搜索电气节点。如果在搜索半径内有电气节点的话，就会将光标自动移到该节点上，并且在该节点上显示一个圆点。如果不选该项，则无自动寻找节点的功能。

6.1.5 网格和光标设置

在设计原理图时，图纸上的网格为放置元器件、连接线路等设计工作带来了极大的方便。在进行图纸的显示操作时，可以设置网格的种类以及是否显示网格，也可以对光标的形状进行设置。

1. 网格设置

Protel 99SE 提供了两种不同形状的网格，分别是线状网格（Line）和点状网格（Dot），设置网格可以使用 Tools / Preferences 命令来实现，执行该命令后，系统将会弹出如图 6‐10 所示的 Preferences（参数设置）对话框。在 Graphical Editing 选项卡中，可以从 Cursor / Grid Options 选项的 Visible Grid（可视网格）下拉式列表中选择所需的网格类型。

如果想改变网格颜色，可以单击 Color Options 区域的 Grid（Color）（网格颜色）按钮进行颜色设置，如图 6‐10 所示。颜色没置方法与图纸颜色设置类似，不过设置网格的颜色时，注意颜色不要太深，否则会影响后面的绘图工作。如果用户对网格是否可见进行设置，则可以执行菜单命令 Design / Options，系统将弹出 Document Options 对话框，再选择其

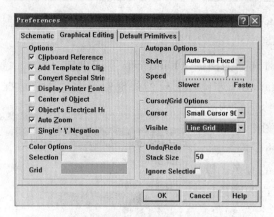

图 6-10　Preferences（参数设置）对话框

Sheet Options 选项卡，在 Grids 选项中对 Snapon 和 Visible 两个选项进行操作，就可以设置网格的可见性。

注意：还可以执行 View / Visible Grid 菜单命令来设置网格是否可见。如果当前没有显示网格，执行该命令就可以显示网格。另外，View I/Snap Grid 和 Electrical Grid 命令与上面的对应选项的功能一样。

2. 光标设置

光标在画图、放置元器件和连接线路时具有不同的形状。执行 Tools/ Preferences 命令可对光标进行设置。执行该命令，系统弹出如图 6-10 所示的 Preferences 对话框，选取 Graphical Editing 选项卡。然后从 Cursor / Grid Options 选项中的 CursorType（光标类型）下拉列表中选择光标类型，系统提供了 Large Cursor 90、Small Cursor 90 和 Small Cursor 45 三种光标类型。

6.1.6　装载元器件库

在向电路图中放置元器件之前，必须先将该元器件所在的元器件库载入内存才行。如果一次载入过多的元器件库，将会占用较多的系统资源，同时也会降低应用程序的执行效率。所以，最好的做法是只载入必要而常用的元器件库，其他特殊的元器件库在需要时再载入。

装载元器件库的步骤如下：

（1）使用鼠标单击设计管理器中的 Browse Sch 选项卡，然后单击 Add/Remove 按钮，将出现如图 6-11 所示的 Change Library File List（改变库文件列表）对话框。用户也可以选取 Design/ Add / Remove Library 命令来打开此对话框。

（2）在 Design Explorer 99 \ Library \ Sch 文件夹下选取元器件库文件，然后双击鼠标或单击 Add 按钮，此元器件库就会出现在 Selected Files 列表框中，如图 6-11 所示。元器件库文件类型为 .ddb 文件。

（3）单击 OK 按钮，完成该元器件库的添加。将所需要的元器件库添加到当前编

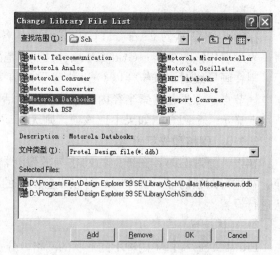

图 6-11　添加库文件对话框

辑环境下之后，元器件库的详细列表将显示在设计管理器中，如图 6-12 所示。

说明：Protel 已经将各大半导体公司的常用器件分类做好了专用的元器件库，只要装载所需要的元器件生产公司的元器件库，就可以从中选择自己所需要的元器件。如果用户习惯使用 DOS 环境下的标准元器件，则可以装载 Protel DOS Schematic Libraries 元器件库，其中包括了大量常用的元器件。另外还有两个常用的 sim.ddb 和 PLD.ddb 元器件库，前者包

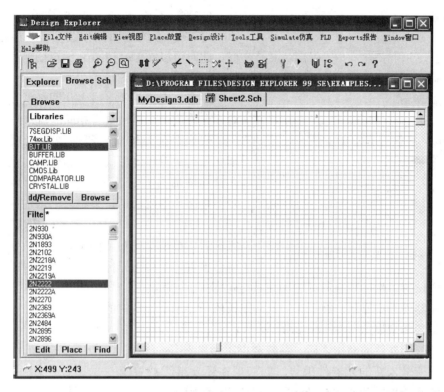

图 6-12　添加元器件库后的设计管理器

括了一般电路仿真所需要用到的元器件，而后者主要包括逻辑器件设计所需要用到的元器件。Protel 元器件库部分元器件采用的非国标画法，其画法与我国现行国标要求不一致，为便于读者对照软件学习，本书未做修改。

6.1.7　放置元器件

绘制原理图首先要进行元器件的放置。在放置元器件时，设计者必须知道元器件所在的库并从中取出或者制作原理图元器件，并装载这些必需的元器件库到当前设计管理器中。通常可以用下面两种方法来选取元器件。

1. 利用元器件编号选取

如果确切知道元器件的编号名称，最方便的做法是通过菜单命令 Place／Part 或直接单击布线工具栏上的按钮▭▷，打开如图 6-13 所示的 Place Part（放置元器件）对话框。

（1）选择元器件库。单击 Browse(浏览) 按钮，系统将弹出如图 6-14 所示的浏览元器件库对话框，在该对话框中，用户可以选择需要放置的元器件的库，也可以单击 Add/Remove 按钮加载元器件库，然后可以在 Components（元器件）列表中选择自己需要的元器件，在预览框中可以查看元器件图形。

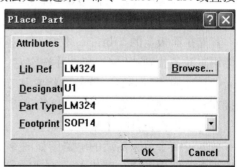

图 6-13　Place Part（放置元器件）对话框

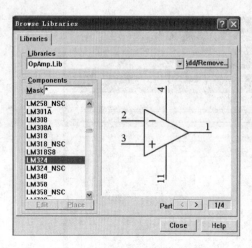

图 6 - 14　浏览元器件库对话框

（2）输入流水号。选择了元器件后单击 Close 按钮，系统返回到如图 6 - 13 所示的对话框，此时可以在 Designator 编辑框输入当前元器件的流水号（例如 U1）。

注意：无论是单张或多张图纸的设计，都绝对不允许两个元器件具有相同的流水号。

假如现在为某个元器件指定流水号为 U1，则在以后放置相同形式的元器件时，其流水号将会自动增加为 U2，U3，U4 等。如果选择的元器件是多片集成的话，系统自动增加的顺序则是 U1A，U1B，U1C，U1D，U2A，U2B 等。设置完毕后，单击上述对话框中的 OK 按钮，屏幕上将会出现一个可随光标移动的元器件符号，将它移到适当的位置，然后单击鼠标左键使其定位即可。

（3）元器件类型显示。在 Part Type 编辑框中显示了元器件的类型。

（4）封装类型显示。在 Footprint 框中显示了元器件的封装类型。

完成放置元器件的动作之后，系统会再次弹出 Place Part 对话框，等待输入新的元器件编号。假如现在还要继续放置相同形式的元器件，就直接单击 OK 按钮，新出现的元器件符号会依照元器件包装自动地增加流水号。如果不再放置新的元器件，可直接单击 Cancel 按钮关闭对话框，放置了一个运算放大器后的图纸如图 6 - 15 所示。

技巧：当放置一些标准元器件或图形时，可以在绘制前调整位置。调整的方法是在选择了元器件，但还没有放置前，按住 Space 键，即可旋转元器件，此时可以选择需要的角度放置元器件。如果按 Tab 键，则会进入元器件属性对话框，用户也可以在属性对话框中进行设置。

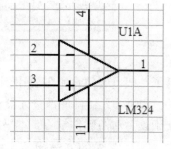

图 6 - 15　放置后的图纸

2. 从元器件列表选取

另外一种选取元器件的方法是直接从元器件列表中选取，该操作必须通过设计库管理器窗口的元器件库管理列表来进行。

首先在面板上的 Libraries 栏的列表框中选取 Sim OpAmp. 1ib 库，然后在元器件列表框中使用滚动条找到"LM324"，并选定它。接下来单击 Place 按钮，此时屏幕上会出现一个随光标移动的"LM324"符号，将它移动到适当的位置后单击鼠标使其定位即可。也可以直接在元器件列表中双击"LM324"将其放置到电路图中，这样可以更方便些。具体的放置位置可以根据设计要求来定。

放置了两个放大器后的电路图如图 6 - 16 所示，如果从设计管理器中选中该元器件，再放置到电路图中的话，则流水号为"U ?"。如果使用 Plcace / Part 命令，则自动设置流水号。如果不再继续放置元器件，可以单击鼠标右键结束该命令的操作。

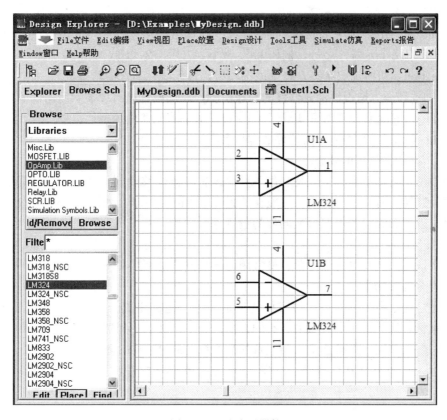

图 6-16　选取元器件

6.1.8　编辑元器件属性

Schematic 中所有元器件对象都具有自身的特定属性。某些属性只能在元器件库编辑时进行定义，而另一些属性则只能在绘图编辑时定义。

在真正将元器件放置在图纸之前，元器件符号可随光标移动，如果按下 Tab 键就可以打开如图 6-17 所示的 Part 对话框，可在此对话框中编辑元器件的属性。

如果已经将元器件放置在图纸上，要更改元器件的属性，可以通过菜单命令 Edit / Change 来实现。该命令可将编辑状态切换到对象属性编辑模式，此时只需将光标指向该对象，然后单击鼠标，即可打开 Part 对话框。另外，还可以直接在元器件的中心位置使用鼠标双击元器件，也可以弹出 Part 对话框，然后用户就可以进行元器件属性的编辑操作了。

Attributes（属性）选项卡。该选项卡中的内容较为常用，它包括以下选项。

·Lib Ref：在元器件库中所定义的元器件名称，该名称不会显示在图纸中。

·Footprint：元器件封装形式。

·Designat：元器件在电路图中的流水号。

·Part（Type）：显示在绘图中的元器件类型，默认值与

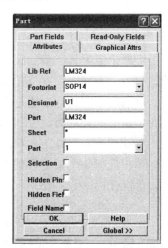

图 6-17　Part 对话框

元器件库中的元器件类型 Lib Ref 一致。

- Sheet.：Path 成为图纸元器件时，定义下层图纸的路径。
- Part：定义子元器件序号，例如 U1A 为 1，U1B 为 2，U1C 为 3。
- Selection：切换选取状态，勾选该选项后，该元器件为选中状态。
- Hidden Pins：是否显示元器件的隐藏引脚，勾选该选项可以显示元器件的隐藏引脚。
- Hidden Fields：是否显示 Part Fields 选项卡中的元器件数据栏。
- Field Names：是否显示元器件数据栏名称。

6.1.9　元器件位置的调整

元器件位置的调整实际上就是利用各种命令将元器件移动到工作平面上所需要的位置，并将元器件旋转为所需要的方向。一般在放置元器件时，每个元器件的位置只是估计的，在进行电路原理图布线前还需要对元器件的位置进行调整。

1. 对象的选取

直接选取对象。元器件最简单、最常用的选取方法是直接在图纸上拖出一个矩形框，框内的元器件全部被选中。

具体方法是：在图纸的合适位置按住鼠标左键，光标变成十字状，拖动光标至合适位置，松开鼠标，即可将矩形区域内所有的元器件选中，被选中元器件可以看到有一个黄色矩形框标志，表明该元器件被选中。要注意的是在拖动的过程中，不可将鼠标松开；在拖动过程中，光标一直为十字状。另外，按住 shift 键，单击鼠标左键，也可实现选取元器件的功能。

2. 主工具栏里的选取工具

在主工具栏里有三个选取工具，即区域选取工具、取消选取工具和移动被选元器件工具，如图 6-18 所示。

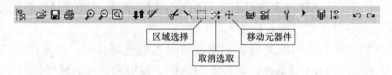

图 6-18　工具栏里的选取工具

区域选取工具：功能是选中区域内的元器件。它与前面介绍的方法基本相同。唯一的区别是：单击主工具栏里的区域选取图标后，光标从开始起就一直是十字状，在形成选择区域的过程中，不需要一直按住鼠标。

取消选取工具：功能是取消图纸上所有被选中元器件的选取状态。单击图标后，图纸上所有带黄框的被选对象全部取消被选状态，黄色框消失。

移动被选元器件工具：功能是移动图纸上被选取的元器件。单击图标后，光标变成十字状，单击任何一个带黄框的被选对象，移动光标，图纸上所有带黄框的元器件（被选元器件）都随光标一起移动。

3. 元器件的移动

Protel 99sE 中，元器件的移动大致可以分成两种情况：一种情况是元器件在平面里移简称"平移"。另外一种情况是当一个元器件将另外一个元器件遮盖时，移动元器件来调整元器件间的上下关系，将这种元器件间的上下移动称为"层移"。

　　移动元器件最简单的方法是：将光标移动到元器件中央，按住鼠标，元器件周围出现虚框，拖动元器件到合适的位置，即可实现该元器件的移动。

　　4. 元器件的旋转

　　元器件的旋转实际上就是改变元器件的放置方向。Protel 99SE 提供了很方便的旋转操作，操作方法如下：

　　（1）在元器件所在位置单击鼠标左键选中单个元器件，并按住鼠标左键。

　　（2）根据需要按键进行调整。

　　·按下 Space 键：使元器件旋转 90°。每按一次 Space 键，被选中的元器件就会旋转 90°。

　　·X 键：使元器件水平翻转。每按一次 X 键，被选中的元器件就会左右对调一次。

　　·Y 键：使元器件上下翻转。每按一次 Y 键，被选中的元器件就会上下对调一次。

　　5. 元器件的删除

　　当图形中的某个元器件不需要或错误时，可以对其进行删除。删除元器件可以使用 Eidt 菜单中的两个删除命令，即 Clear 和 Delete 命令。

　　Clear 命令的功能是删除已选取的元器件。执行 Clear 命令之前需要选取元器件，执行 Clear 命令之后，已选取的元器件立刻被删除。

　　Delete 命令的功能也是删除元器件，只是执行 Delete 命令之前不需要选取元器件，执行 Delete 命令之后，光标变成十字状，将光标移到所要删除的元器件上单击鼠标左键，即可删除元器件。

　　另外一种删除元器件的方法是：使用鼠标左键单击元器件，选中元器件后，元器件周围会出现虚框，此时按 Delete 快捷键即可实现删除。

6.2　电路原理绘制

6.2.1　设计原理图的一般步骤

　　电路原理图设计不仅是整个电路设计的第一步，也是电路设计的基础。它的好坏会直接影响以后的设计工作。电路原理图的设计，一般按如图 6 - 19 所示的流程进行。

　　1. 设置电路图纸参数

　　用户根据电路图的复杂程度设置图纸的格式、大小、方向等参数，为以后的设计工作建立一个良好的工作平台。

　　2. 装入元件库

　　将包含用户所需要元件的元件库装入系统设计，方便用户查找和选择。

　　3. 放置元件

　　将选定的元件放置到合适的位置，并且对元件的序号、封装形式、显示状态等进行定义和设置，为下一步布线做好准备工作。

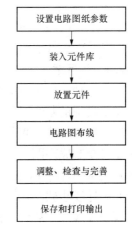

图 6 - 19　电路原理图设计流程图

4. 电路图布线

利用 Protel 99SE 的各种工具和命令进行画图工作，将事先放置好的元件用具有电气意义的导线、网络标号等连接起来，使各元件之间具有用户设计的电气连接关系。布线结束后，电路原理图才算是基本完成。

5. 调整、检查与完善

用户利用 Protel 99SE 提供的工具对前面绘制的原理图做进一步的调整和修改，保证原理图正确和美观。

6. 保存和打印输出

这项工作主要是对完成的原理图进行保存和输出打印。

6.2.2　使用绘制原理图电路工具

Protel 99SE 提供了三种方法来进行原理图的绘制。

图 6-20　制原理图工具栏

1. 利用绘制原理图的工具栏

该方法直接用鼠标单击绘制原理图工具栏中的各个按钮，以选择适当的工具。绘制原理图工具栏的各个按钮如图 6-20 所示。

工具栏上各个按钮的功能如下：

≃：绘制导线　　　　　　　　　　　：放置电路方框图

╀：绘制总线　　　　　　　　　　　：放置电路方框图进出点

↖：绘制总线出入端口　　　　　　D1：放置输入/输出端口

Netl：设置网络标号　　　　　　　╀：放置节点

╪：绘制电源或接地端口　　　　　╳：设置忽略电路法则测试

╺▷：放置元器件　　　　　　　　　▣：放置 PCB 布线指示

2. 利用菜单命令

选择 Place 菜单下的各选项，这些选项与上面绘制原理图工具栏上的各个按钮相互对应。只要选取相应的菜单命令就可以绘制原理图了。

3. 利用快捷键

对于菜单中的每个命令下都有一个带下划线的字母。我们可按住 Alt 键，再按键盘上的相应的字母键就可选取该命令，这些按键也被称为功能键。

6.2.3　画导线

导线是原理图中最重要的图元之一。绘制原理图工具中的导线具有电气连接意义，它不同于画图工具中的画线工具，后者没有电气连接意义。

（1）执行画导线（Wire）命令执行画导线命令最常用的方法有如下两种：

· 单击绘制原理图工具栏内的—图标。

· 单击菜单命令 Place / Wire。

（2）画导线步骤。

执行画导线命令后，光标变成十字状，表示系统处于画导线状态。

画导线的步骤如下：

1）将光标移到所画导线的起点，单击鼠标左键，将光标移动到下一点或导线终点，再单击鼠标左键，即可绘制出第一条导线。以该点为新的起点，继续移动光标，绘制第二条导线。

2）如果要绘制不连续的导线，可以在完成前一条导线后，先单击鼠标右键或按 ESC 键，再将光标移动到新导线的起点，单击鼠标左键，再按前面的步骤绘制另一条导线。

3）画完所有导线后，双击鼠标右键，即可结束画导线状态，光标由十字形状变成箭头形状。

在绘制电路图的过程中，按空格键可以切换画导线模式。Protel 99SE 中提供 3 种画导线方式，分别是直角走线、45°走线、任意角度走线。绘制的导线如图 6 - 21。

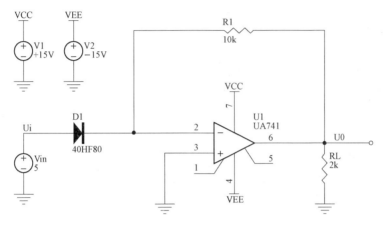

图 6 - 21　绘制的导线

6.2.4　画总线

所谓总线（Bus）是指一组具有相关性的信号线。Schematic 使用较粗的线条来代表总线。

在 Schematic 中，总线纯粹是为了迎合人们绘制电路图的习惯，其目的仅是为了简化连线的表现方式。总线本身并没有任何实质上的电气意义。也就是说，尽管在绘制总线时会出现热点，而且在拖动操作时总线也会维持其原先的连接状态，但这并不表明总线是真的具有电气性质的连接。

习惯上，连线应该使用总线出入端口（Bus Entry）符号来表示与总线的连接。但是，总线出入端口同样也不具备实际的电气意义。所以通过 Edit／Select／Net 菜单命令来选取网络时，总线与总线出入端口并不呈现高亮显示。

总线与总线出入端口的示意图如图 6 - 22 所示。在总线中，真正代表实际电气意义的是通过线路标签与输入输出端口来表示的逻辑连通性。通常，线路标签名称应该包括全部总线中网络的名称，例如 A（0～10）就代表名称为 A0，A1，A2 直到 A10 的网络。假如总线连接到输入输出端口时，这个总线必须在输入输出端口的结束点上终止才行。

绘制总线可用电路绘制工具栏上的 ⊦按钮或通过菜单命令 Place／Bus 来实现。

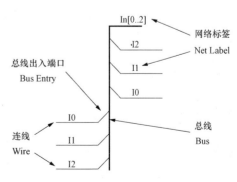

图 6 - 22　总线与总线输入端口

1. 画总线出入端口

执行画总线出入端口命令的方法有两种：

· 单击画电路图工具栏内的 图标。

· 单击 Place I Bus Entry 菜单命令。

2. 画总线出入端口步骤

执行画总线出入端口命令，光标变成十字状，并且上面有一段 45°或 135°的线，表示系统处于画总线出入端口状态，如图 6-22 所示。

画总线出入端口的步骤如下：

（1）将光标移到要放置总线出入端口的位置，光标上出现一个圆点，表示移到了合适的放置位置，单击鼠标左键可完成一个总线出入端口的放置。

（2）画完所有总线出入端口后，单击鼠标右键，即可结束画总线出入端口状态，光标由十字形状变成箭头形状。

在绘制电路图的过程中按空格键，总线出入端口的方向将逆时针旋转 90°；按 X 键总线出入端口左右翻转；按 Y 键总线出入端口上下翻转。

6.2.5　设置网络名称

网络名称具有实际的电气连接意义，具有相同网络名称的导线不管图上是否连接在一起，都被视为同一条导线。

通常在以下场合使用网络名称：

· 简化电路图：在连接线路比较远或线路过于复杂而使走线困难时，可利用网络名称代替实际走线使电路图简化。

· 连接时表示各导线间的连接关系：通过总线连接的各个导线必须标上相应的网络名称，才能达到电气连接的目的。

· 层次式电路或多重式电路：在这些电路中表示各个模块电路之间的连接。

1. 执行放置网络名称（Net Label）命令

执行放置网络名称的命令主要有两个：

· 使用鼠标单击画电路图工具栏中的 图标。

· 选择菜单 Place / Net Label 命令。

2. 放置网络名称的步骤

放置网络名称的步骤如下：

（1）执行放置网络名称命令后，将光标移到放置网络名称的导线或总线上，光标上产生一个小圆点，表示光标已捕捉到该导线，单击鼠标左键即可正确放置一个网络名称。

（2）将光标移到其他需要放置网络名称的地方，继续放置网络名称。单击鼠标右键可结束放置网络名称状态。在放置过程中，如果网络名称的头和尾是数字，则这些数字会自动增加。如现在放置的网络名称为 D0，则下一个网络名称自动变为 D1；同样，如果现在放置的网络名称为 1A，则下一个网络名称自动变为 2A。图 6-23 所示即为顺序放置网络名称的电路图部分。

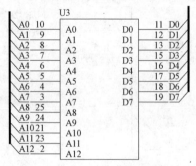

图 6-23　放置网络名称

6.2.6 放置输入输出端口

在设计电路图时，一个网路与另外一个网路的连接，可以通过实际导线连接，也可以通过放置网络名称使两个网路具有相互连接的电气意义。放置输入输出点，同样实现两个网路的连接，相同名称的输入输出端口，可以认为在电气意义上是连接的。输入输出端口也是层次图设计不可缺少的组件。

1. 执行输入输出端口的命令

执行输入输出端口的命令有两个：

· 单击画电路工具栏里的图标。

· 选择菜单 Place/ Port 命令。

2. 放置输入输出端口的步骤

在执行输入输出端口命令后，光标变成十字状，并且在它上面出现一个输入输出端口的图标。在合适的位置，光标上会出现一个圆点，表示此处有电气连接点。单击鼠标左键即可定位输入输出端口的一端，移动鼠标使输入输出端口的大小合适，再单击鼠标左键，即可完成一个输入输出端口的放置。单击鼠标右键，即可结束放置输入输出端口状态。

在放置输入输出端口状态下，按 Tab 键，即可开启如图 6-24 所示的对话框。对话框中有 11 个选项，下面介绍几个主要选项的内容。

（1）Name：定义 I/O 端口的名称，具有相同名称的 I/O 端口的线路在电气上是连接在一起的。图中的名称默认值为 Port。

（2）Style：设定 I/O 端口外形。I/O 端口的外形种类一共有 8 种。

（3）I/O Type：设置端口的电气特性。设置端口的电气特性也就是对端口的 I/O 类型设置，它会对电气法则测试（ERC）提供一些依据。例如，当两个同属 Input 输入类型的端口连接在一起的时候，电气法检测时，会产生错误报告。端口的类型设置有以下 4 种：

· Unspecified 未指明或不确定。

· Output 输出端口型。

· Input 输入端口型。

· Bidirectional 双向型。

（4）Alignment：设置端口的形式。端口的形式与端口的类型是不同的概念，端口的形式仅用来确定 I/O 端口的名称在端口符号中的位置，而不具有电气特性。端口的形式共有 3 种：Center，Left 和 Right。

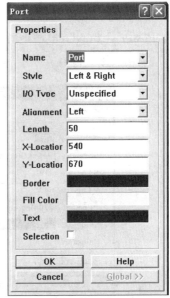

图 6-24 端口属性对话框

6.2.7 放置电源端口

电源端口是电路图不可缺少的组件，电源端口一般包括电源和接地。Schematic 通过网络将电源和接地端口区别开来。

1. 放置电源端口的方式

放置电源端口有以下方式：

· 单击画电路图工具栏中的图标。

· 选择菜单命令 Place/Power Port。

2. 放置电源端口的步骤

放置电源端口的步骤如下：

（1）将光标移到所要放置电源端口的位置，单击鼠标即可完成一个电源端口的放置。

（2）放置完所有端口后，单击鼠标右键，即可结束放置电源端口状态，光标由十字变成箭头。

在放置电源端口的过程中按空格键，电源端口方向将逆时针旋转 90°；按 X 键左右翻转；按 Y 键上下翻转。

3. 电源端口属性的设置

在放置电源端口的状态下，如果要编辑所放置的电源端口，按 Tab 键，即可打开电源端口属性对话框，如图 6 - 25 所示。

其中 Net，X - Location，Y - Location，Orientation，Color 和 Selection 项与网络名称属性话框内的有关设置相同，这里不再叙述，仅对 Style 下拉选项进行说明。

单击 Style 项右边的下拉式按钮，会出现如图 6 - 26 所示的下拉列表，7 个选项对应 7 种不同的电源类型：

Circle（圆节点）：vcc

Arrow（箭头节点）：vcc

Bar（直线节点）：vcc

Wave（波节点）：vcc

Power Ground（电源地）：

Signal Ground（信号地）：

Earth（接大地）：

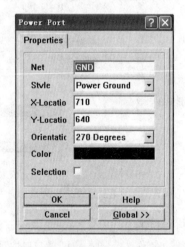

图 6 - 25　电源端口属性对话框

图 6 - 26　Style 选

6.2.8　层次原理图的设计方法

层次电路图的设计方法实际上是一种模块化的设计方法。用户可以将待设计的系统划分为多个子系统，子系统下面又可划分为若干功能模块，功能模块再细分为若干个基本模块。设计好基本模块，定义好模块之间的连接关系，即可完成整个设计过程。

设计时可以从系统开始，逐级向下进行，也可以从最基本的模块开始，逐级向上进行，还可以调用相同的电路图重复使用。

1. 自上而下的层次图设计方法

所谓自上而下就是由电路方块图生成原理图，因此用自上而下的方法来设计层次图，首先得放置电路方块图，其流程图如图 6 - 27 所示。

2. 自下而上的层次图设计方法

自下而上的设计方法的思想正好与自上而下的设计相反，它是由原理图产生电路方块图，因此用自下而上的方法来设计层次图，首先得放置电路原理图，其流程图如图 6 - 28 所示。

3. 重复性层次图的设计方法

所谓重复性层次图是指在层次式电路图中，有一个或多个电路图被重复地调用。绘制电路图时，不必重复绘制相同的电路图。典型的重复性层次图的示意如图 6 - 29 所示。

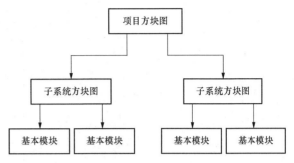

图 6 - 27　自上而下的层次图设计流程图

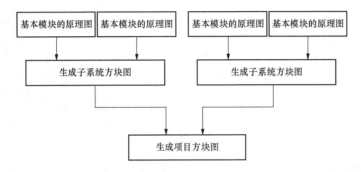

图 6 - 28　自下而上的层次图设计流程图

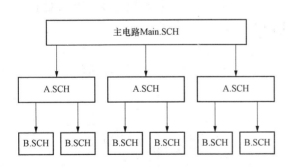

图 6 - 29　重复性层次图的示意图

图 6 - 29 中，共有 10 张原理图，除了主电路图外，A. SCH 共出现了 3 次，B. SCH 出现了 6 次。只需绘制其中的 3 张，即主电路图、A. SCH 和 B. SCH。在绘制被重复调用的原理时，元器件序号先不必指定，留待后面让系统自己处理。

6.2.9　建立层次原理图

前面讲到了层次电路图设计的几种方法，现在就利用其中的自上而下的层次图设计方法，以图 6 - 30 为例讲解绘制层次原理图的一般过程。

图 6 - 30 所示是一个层次原理图，整张原理图表示了一个完整的电路。它分别由存储器模块（Memory. sch）、CPU 模块（CPU. sch）、电源模块（Power. sch）、CPU 时钟模块（CPUClk. sch）、并行接口模块（PPI. sch）和串行接口（Serial. sch）等 6 个模块组成，而串行接口模块又包含了一个子模块 SBaudClk. sch，其层次结构关系如图 6 - 31 所示。

绘制层次图一般步骤如下：

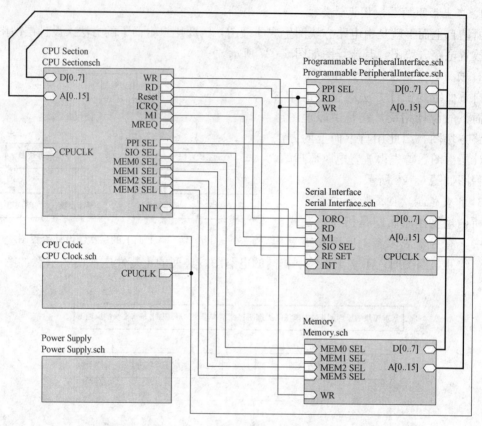

图 6-30 绘制层次原理图实例

（1）启动原理图设计服务器，并建立层次原理图的文件名。

（2）在工作平面上打开绘图工具 Wiring Tools，执行绘制方块电路命令，方法如下：

· 用鼠标左键单击 Wiring Tools 中的███按钮。

· 执行菜单命令 Place/Sheet Symbol。

（3）执行该命令后，光标变为十字形状，并带着方块电路，如图 6-32 所示。

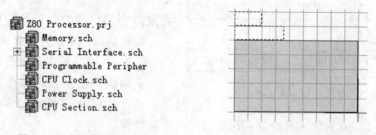

图 6-31 层次结构关系   图 6-32 放置方块电路

在此命令状态下，按 Tab 键，会出现方块电路属性设置对话框，如图 6-33 所示。在对话框中，将 Filename 选项设置为 CPU.sch，这表明该电路代表了 CPU 模块。将 Name 选项设为 CPU，此处定义了方块电路的名称。

（4）设置完属性后，需确定方块电路的大小和位置。将光标移动到适当的位置后，单击鼠标左键，确定方块电路的左上角位置。然后拖动鼠标，移动到适当的位置后，单击鼠标左键确定方块电路的右下角位置。这样我们就定义了方块电路的大小和位置，绘制出了一个名为 CPU 的模块，如图 6‑34 所示。

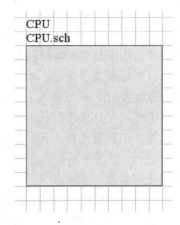

图 6‑33　方块电路属性设置对话框　　图 6‑34　绘制名为 CPU 的方块电路

（5）绘制完一个方块电路后，仍处于放置方块电路的命令状态下，用户可以用同样的方法放置其他的方块电路，并设置相应的方块图属性。

（6）执行放置方块电路端口的命令，方法是用鼠标左键单击 wiring 工具栏中的按■钮或者执行菜单命令 Place / Sheet Entry。

执行该操作后，鼠标变为十字形状，并带着电路端口符号，将其放置在方块电路图中。如图 6‑35 所示。

（7）放置好端口后，需要对端口的属性进行设置。用鼠标左键双击端口，弹出如图 6‑36 所示的端口属性设置对话框。

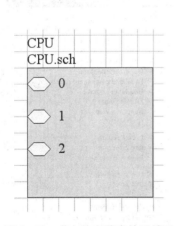
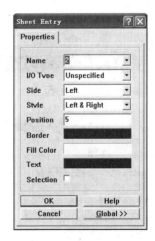

图 6‑35　在方块电路中放置端口　　图 6‑36　端口属性设置

其中，Name 一般设置为具有含义和容易理解的端名称，I/O Type 是对端口的输入/输出设置，其他的选项用户可以根据自己的风格进行设置或者保留默认值。

其他的方块电路也采用和 CPU 同样的步骤和方法进行设计，最后完成的方块层次电路图如图 6 - 30 所示。

6.2.10　不同层次电路之间的切换

在同时读入或编辑层次电路的多张原理图时，不同层次电路图之间的切换是必不可少的。切换的方法有：

·执行菜单命令 Tools / Up/Down Hierarchy。

·用鼠标左键单击主工具栏的 按钮。

执行该命令后，光标变成了十字形状。如果是上层切换到下层，只需移动光标到下层的方块电路上，单击鼠标左键，即可进入下一层。如果是下层切换到上层，只需移动光标到下层的方块电路的某个端口上，单击鼠标左键，即可进入上一层。

利用项目管理器。用户直接可以用鼠标左键单击项目窗口的层次结构中所要编辑的文件名即可。

6.2.11　电路规则检查

Protel 99SE 在产生网络表之前，需要检查电路规则。一般采用的是电气法则测试，电气法则测试又称为 ERC。利用 ERC 可以对大型设计进行快速检测。电气法则测试可以按照用户指定的物理和逻辑特性进行测试，并输出测试报告。

1. 测试步骤

（1）打开所需要的原理图文件。

（2）执行菜单命令 Tools/ERC，或者使用快捷键 T/E，电气法则测试菜单如图 6 - 37 所示。

（3）系统弹出如图 6 - 38 所示的对话框。然后，对对话框内容进行设置。在该对话框中对原理图设定了同一网络命令多个网络名称检测、未连接的电路标号检测、未连接电路检测、电路编号重复检测、元件编号重复检测、总线网络标号格式错误检测、输入脚虚接等多项检测。设定结果如图 6 - 39 所示。

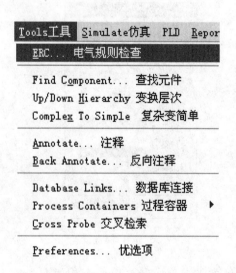

图 6 - 37　电气法则测试菜单

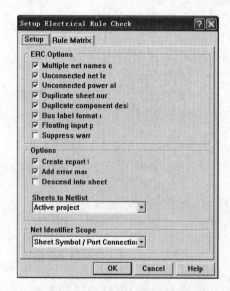

图 6 - 38　电气法则测试设置对话框

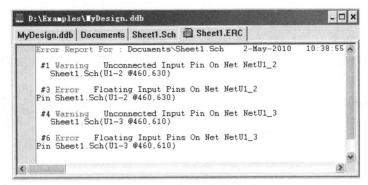

图 6-39　电气规则测试报告

2. 电气法则测试设置对话框说明

Multiple net name on net：检测"同一网络命令多个网络名称"。

Unconnected net labels：检测"未实际连接的网络标号"。

Unconnected power objects：检测"未实际连接的电源图件"。

Duplicate sheet numbers：检测"电路编号是否重复"。

Duplicate component designators：检测"元件编号是否重复"。

Bus label format errors：检测"总线标号是否格式错误"。

Floating input pins：检测"输入引脚是否浮接"。

Suppress warnings：忽略所有测试错误，不显示测试错误。

Create report file：自动将测试结果保存于（∗.erc）中。

Add error markers：在错误处加上错误标识。

Descend into sheetparts：将检测范围深入到元件的内部电路图。

Sheets to Netlist：设置检测的范围，有以下三个选项：

· Active sheet：表示当前打开的原理图。

· Active project：表示当前打开的整个工程项目。

· Active sheet plus sub sheet：表示检测范围包括打开原理图的子原理图。

单击 OK 按钮，系统自动进入电气法则测试，并生成相应的测试错误报告。如图 6-39 所示。系统在发生错误的位置放置红色的符号，提示错误的位置，如图 6-40 所示。

6.2.12　生成网络表

在整个项目的设计过程中，网络表的作用是非常大的。因为网络表不仅是自动布不可少的，也是原理图与印制电路板之间的桥梁。网络表直接通过电路原理图转化而成，具体作用可以总结为下面两点。

· 网络表文件支持印制电路板设计的自动布线及电路模拟测试。

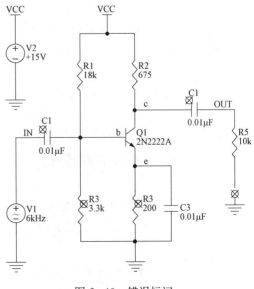

图 6-40　错误标记

•与印制电路板得到的网络表比较，查找错误。

1. 网络表的格式

声明部分：

[	元件声明开始
C1	元件序号
0805	元件封装
22PF	元件注释
]	元件声明结束

网络定义部分：

| (网络定义开始 |
ADI)R0	网络名称
U1-4	元件序号和元件引脚号
)	网络定义结束

2. 生成网络表

(1) 执行菜单命令 Design/Create Netlist，系统会弹出如图 6-41 所示的对话框。

(2) 设置对话框的选项。

•Preference 选项卡的设置

Output Format 用于选择生成网络表的格式。Protel 99SE 提供了 Protel，Protel2，EE-sof，PCAD 等多种形式。

Net Identifier Scope 是针对层次电路图的，用于选择网络名称认定的范围。有三个选项，Net Labels and Ports Global 指定网络名称及电路输入/输出点；Only Ports Global 指定电路图输入/输出点；Sheet Symbol/Port Connections 指定方块电路图进/出点及电路图输入/输出点。

Sheets to Netlist 用于选择生成网络表的原理图。

Append sheet numbers to local nets 用于设定在产生网络表时，系统自动将电路图编号加到每个网络名称上。

Descend into sheetparts 用于设定是否进入元件内部电路图，并生成网络表。

Include un-named single pin nets 用于设定是否将没有名称的元件引脚加入网络表。对话框设置完成后，网络表会自动保存在 .NET 文件中，如图 6-42 所示。

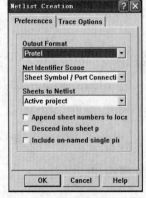

图 6-41 创建网络表对话框

图 6-42 生成网络表

6.3　电　路　仿　真

Protel 99SE 不但可以绘制电路图和制作印制电路板，而且还提供了电路仿真工具。用户可以方便地对设计的电路信号进行模拟仿真。本节将讲述 Protel 99SE 的仿真工具的设置和使用，以及电路仿真的基本方法。

在 Protel 99SE 中执行仿真，只需先从仿真元器件库（Simulation Symbols. lib）中调用所需的元器件，连接好原理图，加上激励源，然后单击仿真按钮即可自动开始。

6.3.1　信号源的设置

1. 直流源

在库 Simulation Symbols. lib 中，包含了如下的源元器件：VSRC 电压源和 ISRC 电流源。如图 6 - 43 所示。这些源提供了用来激励电路的一个不变的电压或电流。

在直流源的属性对话框中可设置如下参数：

• Designator：直流源元器件名称。

• AC Magnitude：如果设计者欲在此电源上进行交流小信号分析，可设置此项（默认值为 1），在 PartFields 选项卡设置。

• AC Phase：小信号的电压相位。

2. 正弦仿真源

在库 Simulation Synlbo1s. 1ib 中，包含了如下的正弦源元器件：

• VSIN 正弦电压源。

• ISIN 正弦电流源。

仿真库中的正弦电压/电流源符号如图 6 - 44 所示，通过这些源可创建正弦波电压和电流源。在正弦仿真源的属性对话框中可设置如下参数：

• DesignatoI：设置所需的激励源元器件名称，如 INPUT。

• DC Magnitude：此项不用设置。

• AC Magnitude：如果设计者欲在此电源上进行交流小信号分析，可在 Part Fields 选项卡设置此项（默认值为 1）。

• Phase：小信号的电压相位。

• OFFSET：电压或电流的正弦偏置。

• Amplitude：正弦曲线的峰值，如 100m。

• Frequency：正弦波的频率，单位为 Hz。

• Delav：激励源开始的延时时间，单位为 s。

• Damping Factor：每秒正弦波幅值上的减少量，设置为正值将使正弦波以指数形式减少。为负值则将使幅值增加。如果为 0，则给出一个不变幅值的正弦波。

• Phase Delav：时间为 0 时的正弦波的相移。

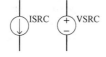

图 6 - 43　电压/电流源符号

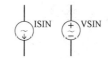

图 6 - 44　正弦电压/电流源符号

6.3.2　设计思路与流程

（1）绘制电路模块原理图。

（2）修改仿真元件参数。

（3）设置输入信号。

（4）设置电路仿真方式。

（5）运行仿真。

（6）更改参数后比较仿真结果。

6.3.3　仿真实例

下面将通过对简单电路的仿真，具体说明 Protel 99SE 中仿真器的使用。

1. 晶体管共射放大电路

（1）打开 sim. BJT. ddb。

（2）在 Document 文件夹中选择 sheet1. sch。如图 6-45 所示。

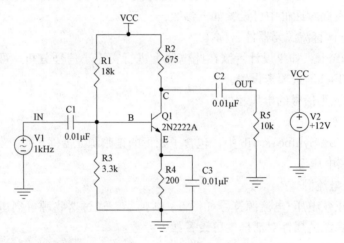

图 6-45　晶体管共射放大电路

（3）设置信号源 V1 的属性。如图 6-46 所示。

（4）在主菜单中选择 Simulate 菜单中的 Setup 命令，打开 Analyses Setup 对话框，如图 6-47 所示。选择直流分析和瞬态分析。选择 E，B，C，IN，OUT 为激活信号。

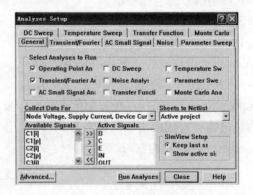

图 6-46　信号源 V1 的属性设置　　　图 6-47　仿真分析方式设置

（5）单击 Run Analyses 按钮，进行电路仿真。或单击 Close 按钮结束该设置。

（6）Protel 99SE 自动生成 simDY. sdf 瞬态分析结果文件，如图 6 - 48 所示。

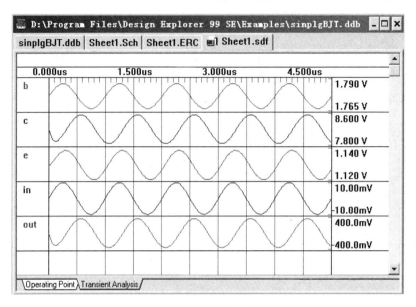

图 6 - 48　瞬态分析结果

（7）单击 Operating Point 按钮，选择观察 E，B，C，IN，OUT 静态工作电压，静态工作点分析结果如图 6 - 49 所示。

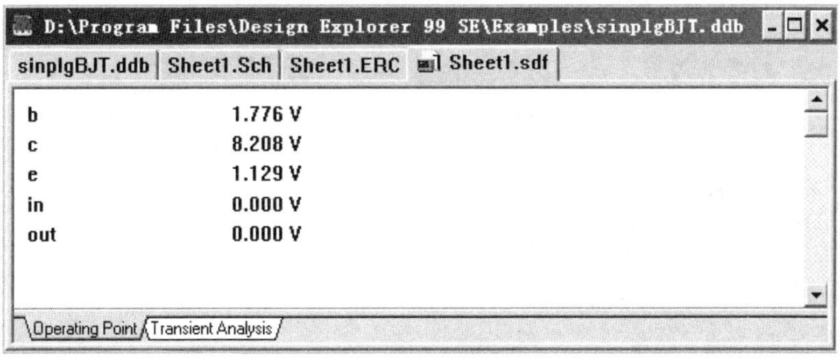

图 6 - 49　静态工作点分析结果

通过仿真，可以大概了解了电路和工作情况，得出波形和数据后，结果到底是不是所要的，也就是说这种结果是不是所设计的结果，这种评判工作就不是计算机所能完成的了。

下面简单分析这个电路的输出结果。

首先是瞬态分析，激励源是一个正弦波，并由电路图可知，输出和输入是反相关系，但同时又是一个放大电路。因此，综合起来就是：输出和输入具有反相、放大关系。那么波形是不是这样呢？由图 6 - 48 可知，输出和输入基本上是反相关系；输入幅度为 10mV，输出人约为 400mV，总之可称为放大了。因此这个电路大体上是所设计的结果。但细心的读者会发现，输出和输入在时间上并不是完全的反相，而是略有延迟，这就是由于管子和电路传输线造成的，因为不管何种器件，其响应总是需要一定时间的。

再看输入和输出点的静态工作点电压，由于输入和输出节点都有电容隔离，对直流信号而言相当于开路，所以两者的静态工作点电压理论上均应为零。观察输出结果（见图 6-49），正是这个结果。

2. 电源转换电路

在此实例中，采用如图 6-50 所示的模拟电路。这是一个简单的电源转换电路。在该电路中定义了一个幅值为 200V，频率为 6kHz 的正弦波激励源。同时，在需要显示波形的几处添加了网络标号，用于显示输入波形、输出波形以及一些中间波形。设计步骤如下：

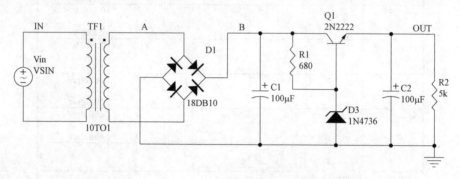

图 6-50　电源转换电路实例

（1）打开 simDY. ddb。

（2）在 Document 文件夹中选择 sheet1. sch。

（3）在主菜单中选择 Simulate 菜单中的 Setup 命令，打开 Analyses Setup 对话框，如图 6-51 所示。

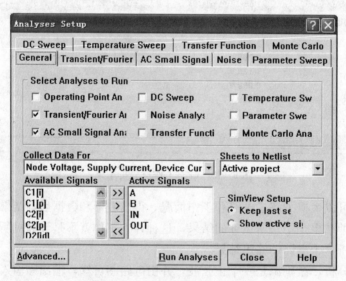

图 6-51　Analyses SWetup 对话框

（4）选择瞬态分析和交流小信号分析分析。

（5）选择 A，B，IN，OUT 为激活信号。

（6）单击 Run Analyses 按钮，进行电路仿真。或单击 Close 按钮结束该设置。

（7）Pmtel 99SE 自动生成 simDY. sdf 瞬态分析结果文件，如图 6 - 52 所示。

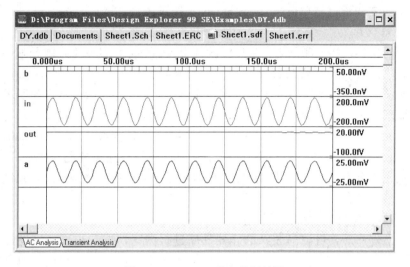

图 6 - 52　simDY 瞬态分析结果

6.4　PCB 编辑器的运用

6.4.1　创建一个 PCB 电路板设计文件

原理图设计完成之后，就要进入电路板设计的第二个阶段了，即 PCB 电路板设计。PCB 电路板设计是在 PCB 编辑器中完成的，因此在进行 PCB 电路板设计之前，需要创建一个空白的 PCB 设计文件。

1. PCB 图设计环境

启动 PCB 设计系统，实际上就是启动 Protel 99SE 的 PCB 设计服务器。执行菜单命令 File/New，如图 6 - 53 所示。单击 PCB Document 图标后单击 OK 按钮，就可以新建一个 PCB Document，或者直接双击 PCB Document 图标也可以。系统会自动新建一个名称为 "PCBl. PCB" 的设计文件，如图 6 - 54 所示。

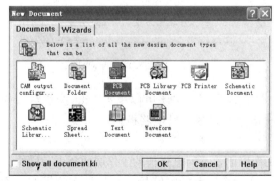

图 6 - 53　新建一个 PCB Document

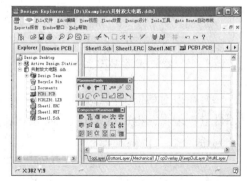

图 6 - 54　新建一个 PCB Document

2. 工具栏

Protel 99SE 为 PCB 设计提供了 4 个工具栏，包括 MainT roolbai（主工具栏）、Placement-

Trools（放置工具栏）、Component Placement（元件位置调整工具栏）、Find Selections（查找选择工具栏），这些都可通过菜单命令 View/nbolbars 选择。

3. 装入元器件库

根据设计的需要，装入印制电路板所需的几个元器件库，其基本步骤如下：

（1）首先执行 Design / Add Remove Library 命令。

（2）执行该命令后，系统会弹出添加删除元器件库对话框，如图 6-55 所示。在该对话框中，找出原理图中的所有元器件所对应的元器件封装库。选中这些库，单击 Add 按钮，即可添加这些元器件库。在制作 PCB 时比较常用的元器件封装库有：Advpcb.ddb，DC to DC.ddb，General IC.ddb 等，用户还可以选择一些自己设计所需的元器件库。

（3）添加完所有需要的元器件封装库，然后单击 OK 按钮完成该操作，系统即可将所选中的元器件库装入。

4. 浏览元器件库

当装入元器件库后，可以对装入的元器件库进行浏览，查看是否满足设计要求。因为 Protel 99SE 为用户提供了大量的 PCB 库元器件，所以进行电路板设计时，也常需要浏览元器件库，选择自己需要的元器件，浏览元器件库的具体操作方法如下：

（1）首先执行 Design/Browse Components 命令，执行该命令后，系统会弹出浏览元器件库对话框，如图 6-56 所示。

图 6-55　添加/删除 PCB 元器件库对话框

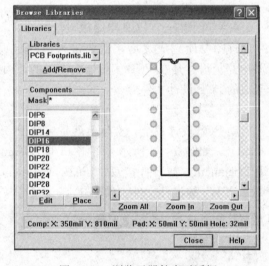

图 6-56　浏览元器件库对话框

（2）在该对话框中可以查看元器件的类别和形状等。用户还可以单击 Edit 按钮对选中元器件进行编辑。也可以单击 Place 按钮将选中的元器件放置到电路板上。

5. 电路板工作层面的设置

在电路板设计时，首先要考虑的问题就是工作层面，不同电路板的工作层面是不一样的。

·单面板：单面板就是只有一面覆铜、另一面没有覆铜的电路板。并且只在覆铜的一面放置元件和布线。它具有不用打过孔成本低的特点，但是如果电路复杂，其布线将会变得很繁琐。

·双面板：双面板包括顶层（Top Layer）和底层（Bottom Layer）两层，两面都有覆铜，中间为绝缘层。两面都可以布线，需要打过孔连通，是现在比较流行的电路板。

·多层板：多层板除了顶层和底层外，还包含其他的多个工作层面。它在双面板的基础上增加了中间电源层、接地层和多个中间布线层。

6.4.2　电路板设计的基本流程

1. 准备原理图和网络表

只有当原理图和网络表生成之后，才可能将元器件封装和网络表载入到 PCB 编辑器然后才能进行电路板设计。网络表是印制电路板自动布线的灵魂，更是联系原理图编辑 PCB 编辑器的桥梁和纽带。在前面的章节中，已经较为详细地介绍了原理图的绘法和网络表文件的生成。

2. 设置环境参数

在 PCB 编辑器中开始绘制电路板之前，设计者可以根据习惯设置 PCB 编辑器的环境参数，包括栅格大小、光标捕捉区域的大小、公制/英制转换参数及工作层面的颜色等。总之，环境参数的设置应以个人习惯为原则，环境参数设置的好坏将直接影响到电路板设计效率。

3. 规划电路板

电路板的规划包括以下几个方面的内容。

·电路板选型：选择单面板、双面板或多面板。

·确定电路板的外形，包括设置电路板的形状、电气边界和物理边界等参数。

·确定电路板与外界的接口形式，选择接插件的封装形式及确定接插件的安装位置和电路板的安装方式等。

4. 载入网络表和元器件封装

只有当载入了网络表和元器件封装之后，才能开始绘制电路板，而且电路板的自动布线是根据网络表来进行的。

在 Protel 99SE 中，利用系统提供的更新 PCB 电路板设计功能或者载入网络表功能，即可以在原理图编辑器中将元器件封装和网络表更新到 PCB 编辑器中，又可以在 PCB 编辑器中载入元器件封装和网络表。

5. 元器件布局

元器件布局应当从机械结构、散热、电磁干扰、将来布线的方便性等方面综合考虑。先布置与机械尺寸和安装尺寸有关的器件，然后布置大的、占位置的器件和电路的核心元器件，最后布置外围的小元器件。

6. 自动布线与手工调整

采用 Protel 99SE 提供的自动布线功能时，设计者只需进行简单、直观的设置，系统会根据设置好的设计法则和自动布线规则，选择最佳的布线策略进行布线，使印刷电路板的设计尽可能完美。

如果不满意自动布线的结果，还可以对结果进行手工调整，这样既能满足设计者的特殊设计需要，又能利用系统自动布线的强大功能使电路板的布线尽可能地符合电气设计的要求。

7. 覆铜

对信号层上的接地网络和其他需要保护的信号进行覆铜或包地，可以增强 PCB 电路板的抗干扰能力和负载电流的能力。

8. DRC

对布完线后的电路板进行 DRC 设计检验，可以确保电路板设计符合设计者制定的设计规则，并确保所有的网络均已正确连接。

6.4.3　实例晶体管共射放大电路

1. 原理图设计和设置元器件的封装形式

（1）本例采用的原理图，如图 6 - 57 所示。由于对此原理图已经做了设计检查，所以直接跳到下一步。

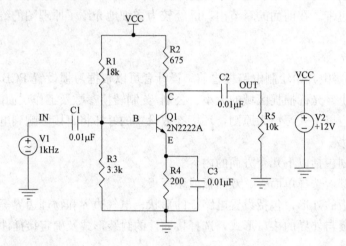

图 6 - 57　晶体管共射放大电路

（2）元器件的封装：每个元件必须具有管脚的封装形式，应该设定其封装形式（即属性 Footprint 项），如电阻管脚的封装形式定为 AXIAL0.4。如果没有设定封装形式，或者封装形式不匹配，则在装入网络表时，会在列表框中显示某些宏是错误的，这将不能正确加载该元器件。用户应该返回电路原理图，修改该元器件的属性或电路连接，再重新生成网络表，然后切换到 PCB 文件中进行操作。常用元器件的封装如表 6 - 1 所示。

表 6 - 1　　　　　　　　　　　　　　常用元器件的封装

元器件类型	元器件的封装
电阻器或无极性双端子元件	AXIAL0.3～AXIAL1.0
可变电阻	VR1～VR5
无极性电容器	RAD0.1～RAD 0.4
有极性电容器	RB.2/.4～RB.5/1.0
石英振荡器	XTAL1
按键开关、指拨开关	SIP2、RAD0.3、DIPx
二极管	DIODE0.4、DIODE0.7
晶体管	TOxxx
电源接头	POWER4、POWER6、SIPx
单排包装的元件或接头	FLY4、SIP2～SIP20
双排直插包装的接头	IDC10～IDC50x
D 型接头	DB9x、DB15x、DB25x、DB37x

2. 生成网表

在完成电路原理图检查,并确认无误后,才能生成项目文件的网络表。

(1) 在项目原理图文件的编辑界面下选择菜单 Design/Create Netlist…,弹出网络表生成对话框,如图 6-41 所示。

(2) 在该对话框中的"Sheet to Netlist"下选择"Active project"项,"Net Identifie-Scope"下选择"Sheet Symbol/Port Connection"项,表明进行 ERC 检查时,电路 I/O 端仅与其上层电路的方块图接口相连,即只在各自的电路图中有效。

设置完毕后单击 OK 按钮,生成当前项目的网络表"Sheet1. NET"文件。如 6-58 所示。

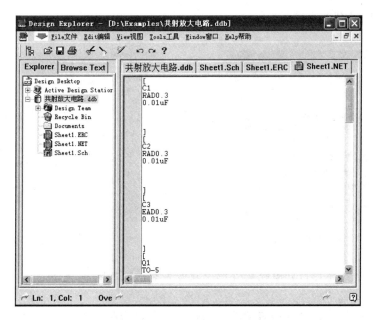

图 6-58 所示生成当前项目的网络表

3. 创建 PCB 板框,装载网络表

选择菜单 File/New,出现如图 6-53 所示的对话框。选择 PCB Document 新建一个 PCB 文件,然后将其保存为"PCB1. PCB",如图 6-54 所示。规划 PCB 的布局有两种方法:一种是利用 Protel 向导设计规划电路板和电气定义,另一种是手动设计。

(1) 使用向导生成电路板。

1) 执行 File / New 命令,在弹出的对话框中选择 Wizard 选项卡,如图 6-59 所示。

2) 选择 Printed Circuit Board Wizard(印制板向导)图标,单击 OK 按钮,系统将弹出如图 6-60 所示的对话框。

3) 单击 Next 按钮,就可以开始设置印制板的相关参数,此时系统弹出如图 6-61 所示的选择预定义标准板对话框。在该对话框的 Units 框中可以选择印制板的单位,Imperial 为英制(Mil),Metric 为公制(mm),然后可以在板卡的类型选择下拉列表中选择板卡的类型如果选择了 Custom Made Board,则需要自己定义板卡的尺寸、边界和图形标志等参数,如图 6-62 所示。

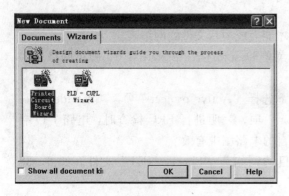

图 6-59　新建 Wizard 选项卡

图 6-60　生成印制板向导

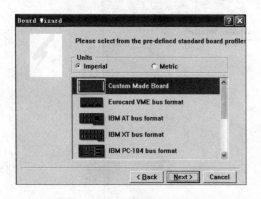

图 6-61　选择预定义标准板

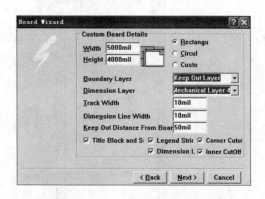

图 6-62　定义板卡的外形参数设置

4）单击 Next 按钮，打开电路板外形尺寸设置对话框如图 6-63 所示，进行外形尺寸形状的设计。

5）单击 Next 按钮，打开设置电路板标题栏信息对话框，如图 6-64 所示。

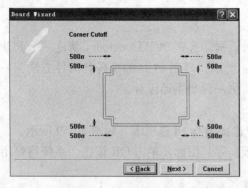

图 6-63　外形尺寸设置

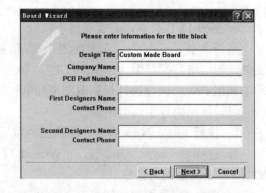

图 6-64　电路板标题栏信息对话框

6）单击 Next 按钮后，系统弹出如图 6-65 所示的对话框，此时可以设置信号层的数量和类型，以及电源和地可以放置的层等。

7）单击 Next 按钮，打开设置电路板标题栏信息对话框，如图 4-12 所示。

8）单击 Next 按钮，系统将弹出如图 6-66 所示的对话框，此时可以设置过孔类型，可以设置为通孔、盲孔或埋孔。

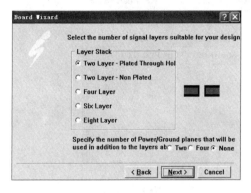

图 6 - 65　设置信号层的数量和类型

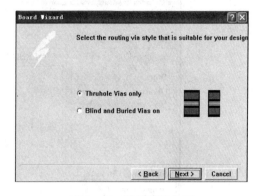

图 6 - 66　设置过孔类型

9）单击 Next 按钮后，系统弹出如图 6 - 67 所示的对话框，此时可以设置将要使用的布线技术，用户可以选择表面放置元器件多还是插孔式元器件多，元器件是否放置在板的两面等。

10）单击 Next 按钮，系统将弹出如图 6 - 68 所示的对话框，此时可以设置最小的导线尺寸、过孔尺寸和导线间的距离。

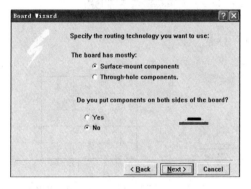

图 6 - 67　设置使用的布线技术

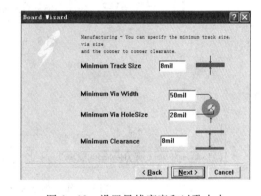

图 6 - 68　设置导线宽度和过孔大小

11）单击 Next 按钮，弹出完成对话框，此时单击 Finish 按钮完成生成印制板的过程。如图 6 - 69 所示，该印制板为已经规划好的板，可以直接在上面放置网络表和元器件。

（2）手动规划电路板

1）单击编辑区下方的标签 KeepOutLayer，将当前的工作层设置为 KeepOutLayer 即禁布线层，如图 6 - 70 所示。先使用放置工具栏的 按钮（相当于 Place/Interactive Routing 功能选项）或是 按钮（相当于 Place/Line 功能选项）启动绘制铜膜走线模式，然后绘制出一个封闭区域（就是板框）。一般来讲，在这一阶段绘制的板框应该要稍大一些，以便容纳所有元件外形与铜膜走线，等到完成所有电路板内容后，再将板框修改成合适的大小就可以了。如图 6 - 71 所示。

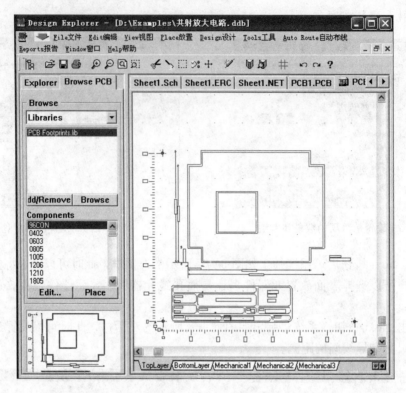

图 6 - 69　新生成的 PCB

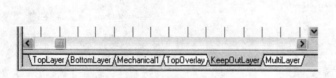

图 6 - 70　设置当前工作层为 KeepOutLayer

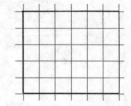

图 6 - 71　设置完电路板边

2）将原理图生成的网表导入到上面生成的 PCB 中。选择菜单 Desing/Netlist...，弹出如图 6 - 72 所示的网络表载入对话框，选择网络表文件"Sheet1. NET"，如果系统没有错误提示，单击 Execute（执行）按钮执行载入。即可装入网络表和元器件，结果如图 6 - 73 所示。

如果系统提示有错误，可以在列表栏单击鼠标右键，在弹出的菜单中选择"Report"，即可生成网络表的报告文件。用户可以通过该文件方便地查看网络表的错误并进行更正。

4. 元件布局

将网络表导入 PCB 文件后，对元件进行布局，由于此实例中元件较少，可以先采用自动布局的方式，然后再手动调整。选择菜单 Tools/Auto Placer... 如图 6 - 74 所示，使用自动布局功能进行元件布局。

然后再手动调整，布局完成后的效果如图 6 - 75 所示。

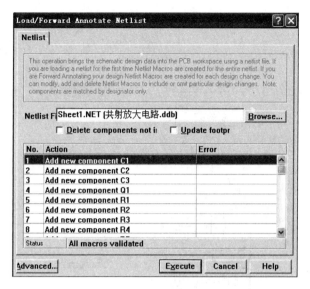

图 6-72 网络表加载对话框

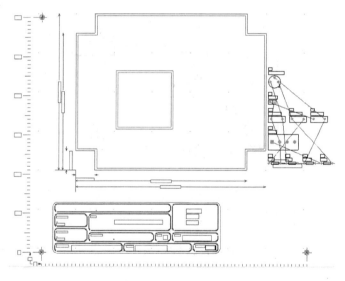

图 6-73 装入网络表和元器件后的 PCB

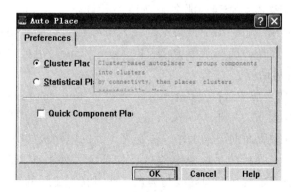

图 6-74 设置元器件自动布局

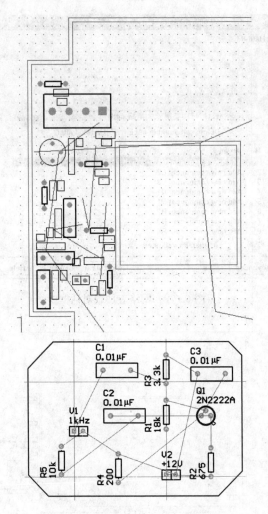

图 6-75　PCB 布局完成后的效果

5. 设计规则检查及后续辅助设计，生成报告

布线完成之后，还需要进行后续辅助设计，主要包括设计规则检查、覆铜、补泪滴及报告文件的生成。

（1）完成布线后，选择菜单 Tools/Design Rule Check...，采用系统默认的设置，运行 DRC 检查，如果检查结果没有错误，那么一块 PCB 设计就基本完成了。

（2）PCB 板设计完成之后，出于提高稳定性和可靠性的目的，往往还要在 PCB 板上覆上一层铜。具体操作步骤是：选择菜单 Place/Polygon Plane，也可以使用快捷键 "P＋G"，出现如图 6-76 所示的对话框。

在 "Layer" 下拉列表框中选择 "BottomLayer"，"Connect to Net." 下拉列表框中选择 "GND"，其他选择默认设置。单击 OK 按钮进入覆铜状态。然后用鼠标圈定一个多边形作为覆铜范围，即可完成对底面的覆铜工作。覆铜完毕后的电路板如图 6-77 所示。

（3）补泪滴。补泪滴的目的是避免电路板在受到巨大外力冲击时，导线与焊盘（或过孔）的接触点断开，换言之就是加强导线与焊盘（或过孔）之间的连接。

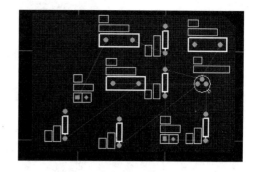

图 6 - 76　覆铜设置对话框　　　　　　　　图 6 - 77　覆铜后的 PCB 板

（4）报表文件的输出。本例只输出电路板信息文件作为参考，选择菜单 Report/Board Information...，生成电路板信息报表。

6. 设计输出，保存和打印文件

完成了 PCB 图的设计之后，还应该保存。PCB 文件及相关的报表文件，并根据需要打印文件。如果文件修改后未保存的话，在关闭数据库文件的时候系统会给出提示，询问是否保存文件。选择菜单 File/Save 系统将保存当前编辑的文件。

完成上述操作之后，一块电路板的设计就完成了。

1. 用 Protel 99SE 绘制图 6 - 78～图 6 - 100 所示的电路图（需要用到的元器件库为：Sim. ddb，Miscellaneous Devices. ddb，Dallas Memary. ddb）。

（1）　　　　　　　　　　　　　　　　　　　　（2）

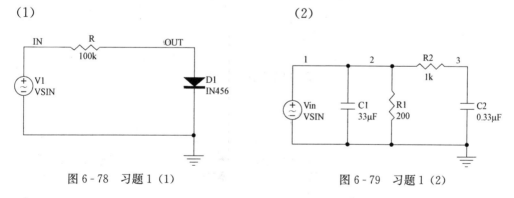

图 6 - 78　习题 1（1）　　　　　　　　　　图 6 - 79　习题 1（2）

（3）

图 6 - 80　习题 1（3）

（4）

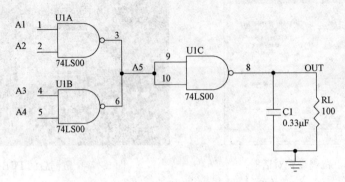

图 6-81 习题 1（4）

（5）

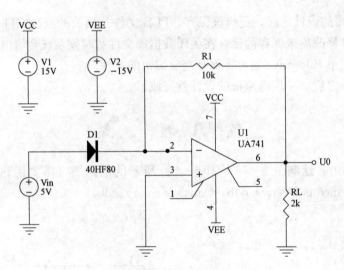

图 6-82 习题 1（5）

（6）

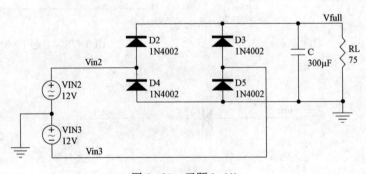

图 6-83 习题 1（6）

（7）

（8）

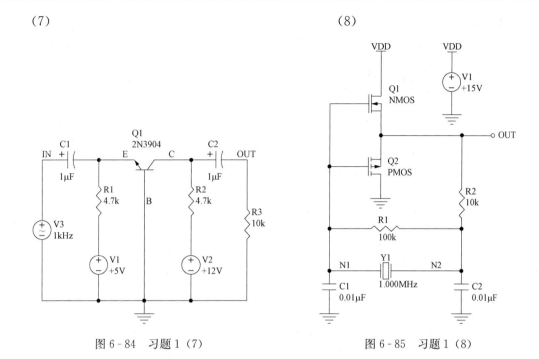

图 6 - 84 习题 1（7）

图 6 - 85 习题 1（8）

（9）

（10）

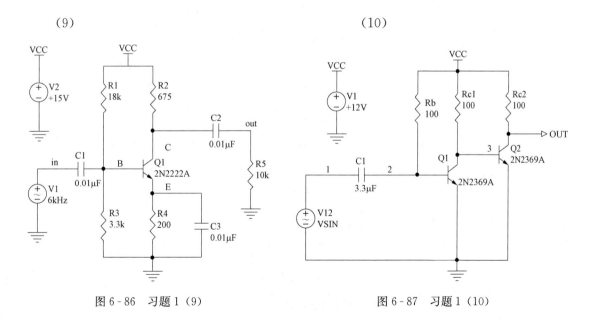

图 6 - 86 习题 1（9）

图 6 - 87 习题 1（10）

（11）

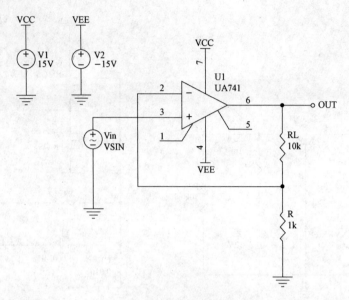

图 6 - 88　习题 1 （11）

（12）

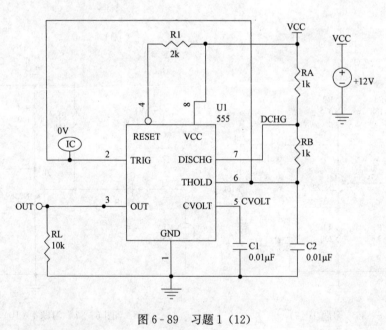

图 6 - 89　习题 1 （12）

（13）

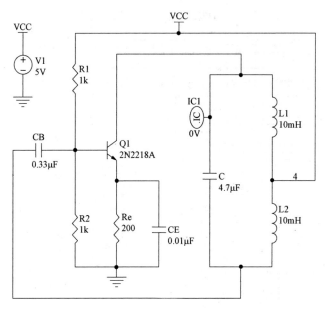

图6-90 习题1（13）

（14）

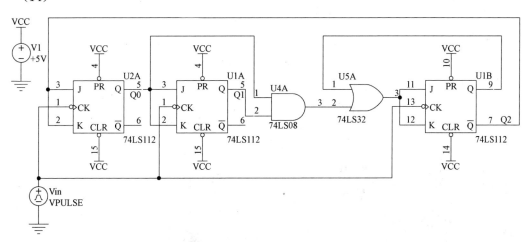

图6-91 习题1（14）

（15）

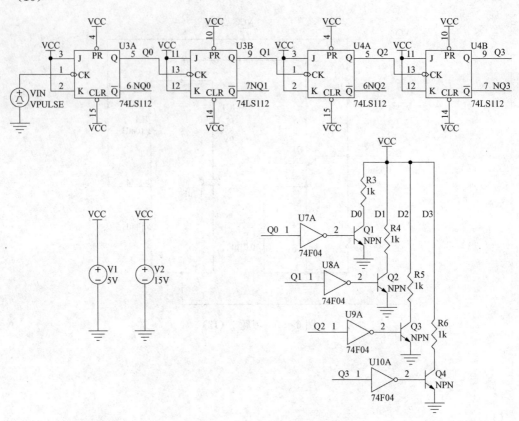

图 6 - 92　习题 1 (15)

（16）

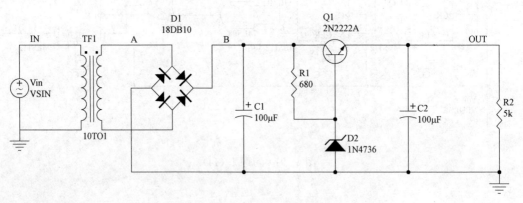

图 6 - 93　习题 1 (16)

（17）

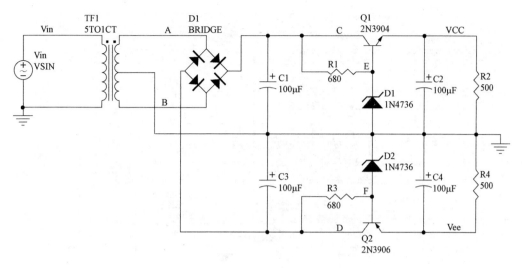

图 6-94 习题1（17）

（18）

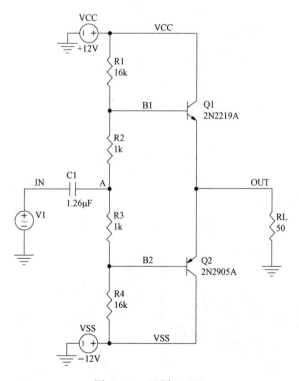

图 6-95 习题1（18）

（19）

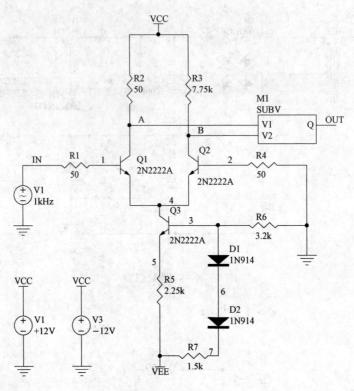

图 6 - 96　习题 1 (19)

（20）

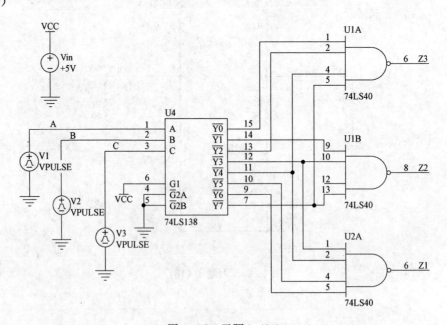

图 6 - 97　习题 1 (20)

（21）

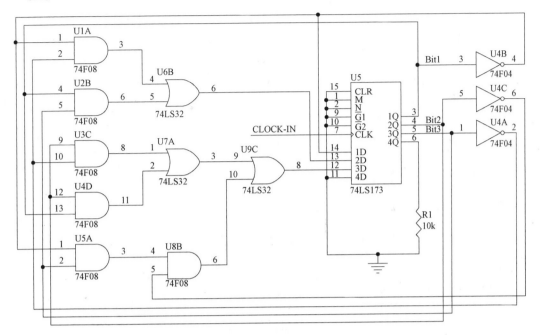

图 6-98 习题 1（21）

（22）

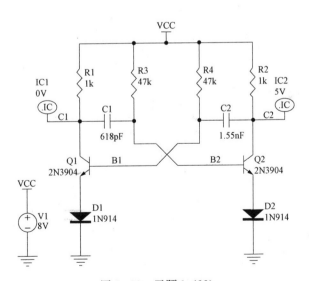

图 6-99 习题 1（22）

（23）

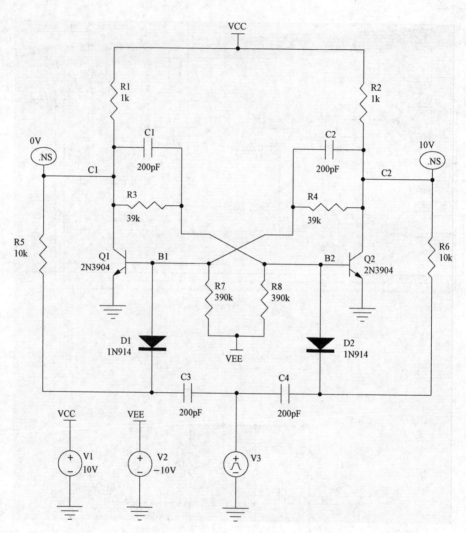

图 6 - 100　习题 1（23）

2. 用 Protell 99SE 绘制图 6 - 101 所示的层次图。

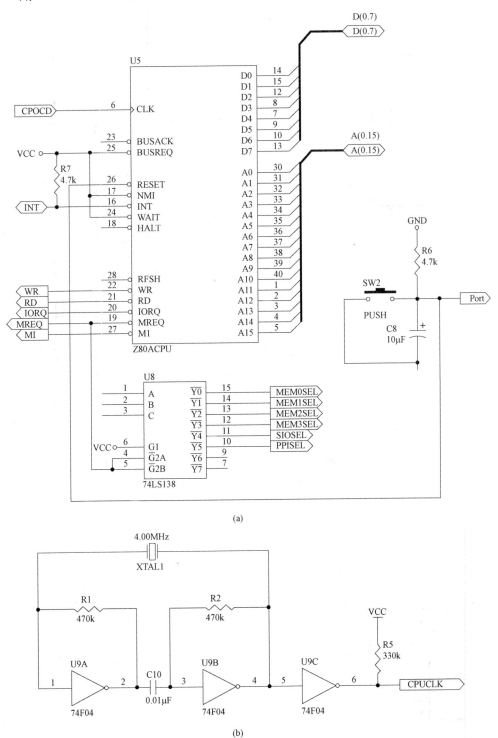

(a)

(b)

图 6 - 101　习题 2（一）

(a) CPU 模块（CPU. sch）；(b) CPU 时钟模块（CPUClk. sch）

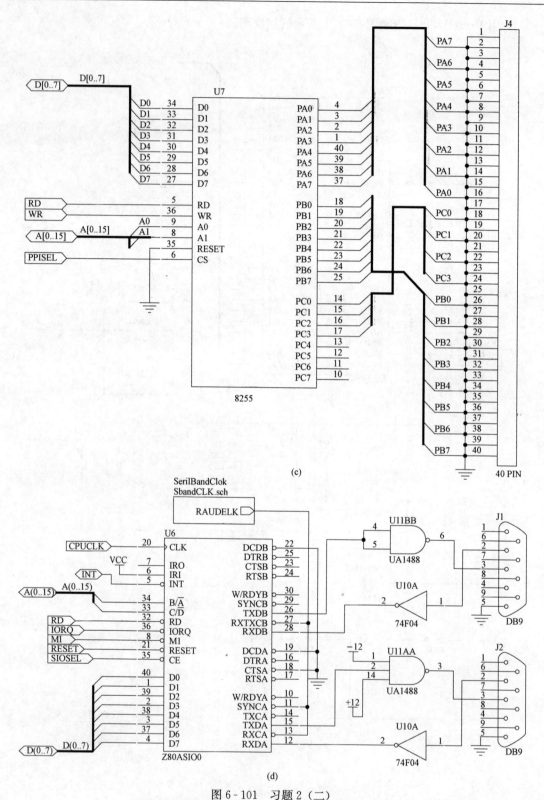

图 6 - 101　习题 2（二）

（c）并行接口模块（PPI. sch）；（d）串行接口模块（Serial. sch）

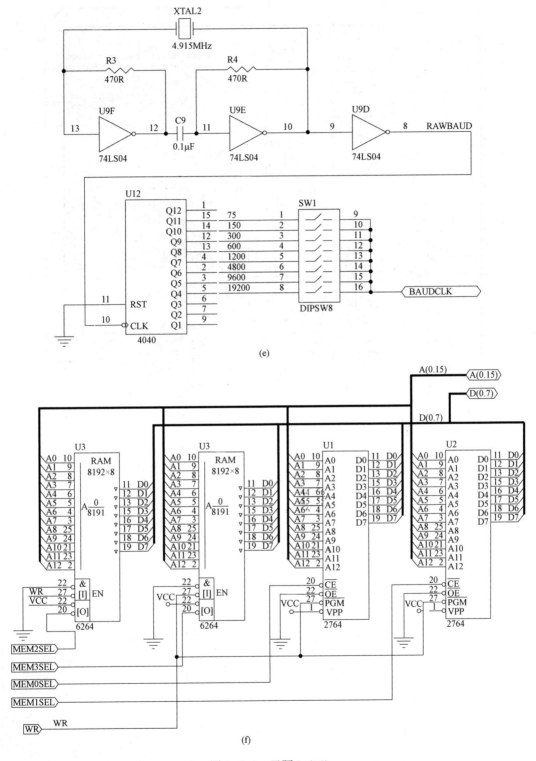

图 6 - 101　习题 2 (三)

(e) 串行接口子模块（SbaudClk. sch）；(f) 内存模块（Mcmory. sch）

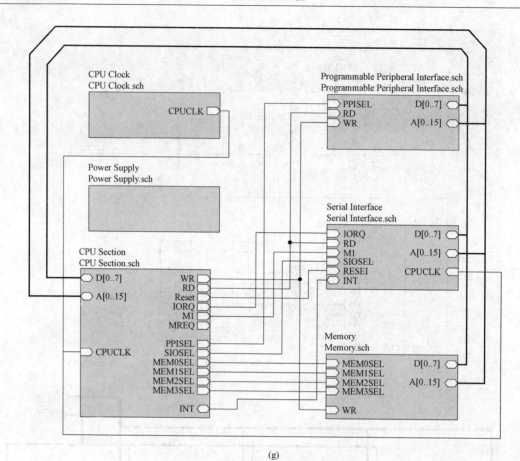

(g)

图 6 - 101　习题 2（四）

（g）层次原图主图

第7章 电子电路综合设计

7.1 数字电子钟设计

7.1.1 设计目的

（1）培养学生设计、调试常用数字电路系统的能力。

（2）提高学生应用计数器功能扩展、级联方法的能力。

（3）提高学生对计数、译码、显示系统的设计能力。

7.1.2 设计任务及要求

设计制作一个数字电子钟，要求：

（1）时间计数电路采用二十四进制，从 00：00：00 开始到 23：59：59 后再回到 00：00：00。

（2）各用 2 位 LED 数码管显示时、分、秒。

（3）电路具有校时功能。

7.1.3 设备与器材

（1）电阻、电容、导线等若干；

（2）面包板 1 块；

（3）译码器（74LS47）6 片；

（4）数码显示管（LED 共阳极）6 块；

（5）计数器（74LS390）3 片；

（6）石英晶体（1.8432MHZ）1 块；

（7）二输入端非门（74HC04）1 片；

（8）分频器（CD4060）2 片；

（9）二输入端与门（74LS08）1 片；

（10）二输入端与非门（74LS00）1 片；

（11）稳压电源 1 台；

（12）MF-30 万用表 1 块；

（13）SS7804 双踪示波器 1 台。

7.1.4 设计思路

数字电子钟是一个对标准频率（1Hz）进行计数的计数电路。振荡器产生的时钟信号经过分频器形成秒脉冲信号，秒脉冲信号输入计数器进行计数，并把累计结果以"时""分""秒"的数字显示出来。秒计数器电路计满 60 后触发分计数器电路，分计数器电路计满 60 后触发时计数器电路，当时计数器电路计满 24 后又开始下一轮的循环计数。所以，"秒"的计数、显示由两级计数器和译码器组成的六十进制计数电路实现；"分"的计数、显示电路与"秒"的相同；"时"的计数、显示由两级计数器和译码器组成的二十四进制计数电路实现。所有计时结果由六位数码管显示器显示。

7.1.5　设计原理

数字电子钟由振荡器、分频器、译码器、显示器等几部分电路组成，这些电路都是数字电路中应用最广泛的基本电路。数字电子钟的组成框图如图 7-1 所示。

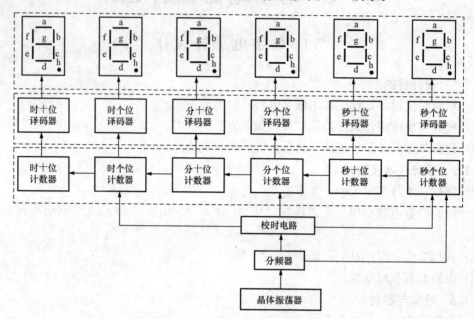

图 7-1　数字电子钟的组成框图

1. 脉冲产生电路

秒脉冲产生电路由振荡器和分频器构成。

（1）振荡器。振荡器是由非门构成的输出为方波的数字式晶体振荡电路，电容 C_1 与晶体构成一个谐振型网络，完成对振荡频率的控制功能，2 个串接非门构成一个正反馈网络，实现了振荡器的功能。由于晶体具有较高的频率稳定性及准确性，从而保证了输出频率的稳定和准确。振荡器电路如图 7-2 所示，选用一片 74HC04 和石英晶体组成振荡器。

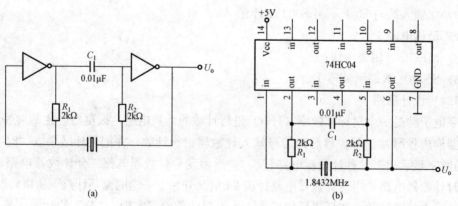

图 7-2　振荡器电路
(a) 原理图；(b) 连线图

（2）分频器。数字电子钟应具有标准的时间源，用它产生频率稳定的 1Hz 脉冲信号，称为秒脉冲。由于数字电子钟的晶体振荡器输出频率较高，为了得到 1Hz 的秒信号输入，需要对振荡器的输出信号进行分频，并经多级分频电路后获得秒脉冲信号。图 7‐3 所示电路选用两片 CD4060 组成一个二十一级二分频器。CD4060 为 14 级二分频器，信号由 11 管脚 Q1 输入，从 Q4～Q14 可以分别获得四级至十四级的二分频信号输出。

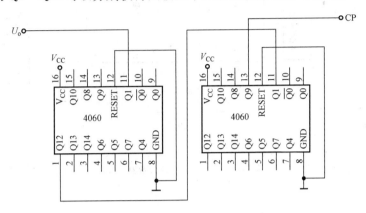

图 7‐3　二十一级二分频器电路

2. 时间计数单元

来自分频器的秒信号先后经过两级六十进制计数器和一个二十四进制计数器，分别得到"秒"个位、十位，"分"个位、十位以及"时"个位、十位的计时。"秒"、"分"计数器为六十进制计数器，"时"计数器为二十四进制计数器。

用 74LS390 来实现时间计数单元的计数功能。74LS390 的内部逻辑框图如图 7‐4 所示。该器件为双二—五—十异步计数器，并且每一计数器均提供一个异步清零端（高电平有效）。若信号由 CP_A 输入、由 Q_A 端输出，则组成二进制计数器；若信号由 CP_B 输入，由 Q_D、Q_C、Q_B 端输出，则组成五进制计数器；若将 Q_A 与 CP_B（下降沿有效）相连，信号由 CP_A 输入，由 Q_D、Q_C、Q_B、Q_A 端输出，则组成十进制计数器。

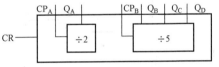

图 7‐4　74LS390 的内部逻辑框图

由上述分析可以看出，用 74LS390 可以方便地连接出六十进制计数器和二十四进制计数器，电路如图 7‐5 所示。

3. 译码驱动及显示单元

计数器对时间的累计以 8421BCD 码形式输出，选用显示译码电路将计数器的输出数码转换为数码显示器件所需要的输出逻辑和一定的电流，选用 74LS47 作为显示译码电路，选用 LED 数码管作为显示单元电路，如图 7‐6 所示。

4. 校时电路

校时电路的作用是当计时器刚接通电源或时钟走时出现误差时，进行时间的校准。图 7‐7 所示为一种能实现时、分、秒校准的校时电路。

该电路由三级门电路和三个开关（K1～K3）组成，分别用以实现对"时""分""秒"的校准。开关选择有"正常"（一般为时间显示）和"校准"两档。开关 K1、K2、K3 分别作为时、分、秒校准控制开关。当 K1、K2 闭合，K3 接 G3 门的输入端时，G1～G3 门的输

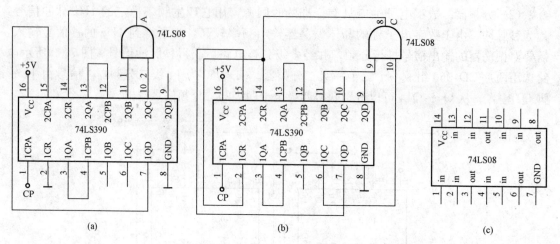

图 7 - 5　六十进制计数器和二十四进制计数器电路连线图

（a）六十进制计数器；（b）二十四进制计数器；（c）74LS08 引脚图

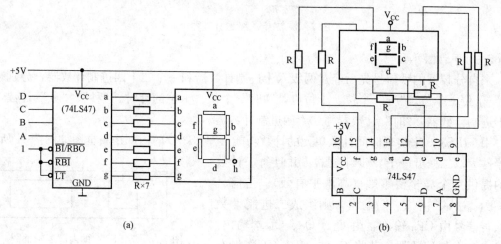

图 7 - 6　译码驱动及显示电路

（a）原理电路；（b）连线电路

出均为 1，G4 门的输出为 0，G5 门的输出为 1，秒信号经过 G6 门送至秒个位计数器的输入

端，计数器进行正常计时。

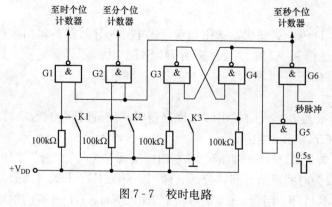

图 7 - 7　校时电路

时校准：当开关 K1 打开，K2 闭合，K3 接 G3 门的输入端时，G1 门开启，G2 门关闭，G3 门的输出为 1，G4 门的输出为 0，G5 门的输出为 1，秒信号直接经 G6 和 G1 门送至时个位计数器，从而使时显示电路显示其每秒钟所进的一个数字，以实现快速的时校准，校准后将 K1 重新闭合。

分校准：当开关 K1 闭合，K2 打开，K3 接 G3 门的输入端时，G3 门的输出为 1，G4门的输出为 0，G5 门的输出为 1，这时秒信号只能通过 G6 和 G2 门直接送至分个位计数器，这时分计数器快速计数，当对分校准后将 K2 闭合。

秒校准：当开关 K1、K2 闭合，K3 接 G4 门的输入端时，G4 门的输出为 1，使 G5 门开启，周期为 0.5s 的脉冲信号（可由秒脉冲信号分频获得）通过 G5、G6 门送至秒个位计数器，使秒计数器的计数速度提高一倍，加快了秒计数器的校准速度。当秒显示校准后，K3恢复与 G3 输入端的相接，保证计数器的个位显示器按校准后的时间进行正常计时。

7.1.6 电路调试

调试时应先调试秒信号产生电路；取得标准的秒信号后，再调试秒、分、时的计数、译码和显示电路，最后调试时间校准电路。要注意校准时间时应先校秒，再校分，最后校时，否则，在校分显示时会将已经校准了的时显示打乱。

7.2 直流稳压电源的设计

7.2.1 设计目的

（1）培养学生设计、调试常用电路的能力。

（2）掌握选用变压器、整流二极管、滤波电容及集成稳压器的方法。

7.2.2 设计任务及要求

设计制作一个直流稳压电源，要求

（1）输出电压 $U_o = +3 \sim +12V$；

（2）输出电流 $I_o = 0.8A$。

7.2.3 设备与器材

（1）电阻、电容、导线等若干；

（2）面包板 1 块；

（3）MF-30 万用表 1 块；

（4）可调式三端集成稳压器（LM317）1 片；

（5）二极管 4 只；

（6）变压器 1 只；

（7）电解电容 1 只。

7.2.4 设计思路

直流稳压电源一般由电源变压器、整流电路、滤波电路和稳压电路组成，其组成框图及稳压过程如图 7-8 所示。

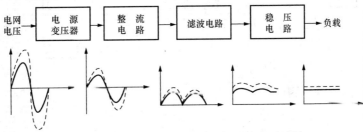

图 7-8 直流稳压电源的组成框图及稳压过程

稳压电源的设计，是根据稳压电源的输出电压 U_o 和输出电流 I_o 等性能指标要求，正确地确定出变压器、集成稳压器、整流二极管和滤波电路中所用元器件的参数，然后合理选择这些器件。

7.2.5　电路设计

1. 集成稳压器

集成稳压器选用 LM317，其输出电压范围为 $1.25\sim37V$ 可调，最大输出电流为 1.5A；

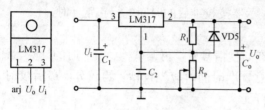

图 7-9　LM317 及其应用电路

芯片内部具有过热、过流、短路保护电路；最大输入—输出电压差为 40V，最小输入—输出电压差为 3V；使用环境温度范围为 $-10\sim+85℃$。LM317 及其应用电路如图 7-9 所示。其中电阻 R_1 与电位器 R_P 组成输出电压调节器，输出电压 U_o 的表达式为

$$U_o = 1.25(1 + R_P/R_1) \tag{7-1}$$

式中，R_1 一般取 $120\sim240\Omega$；R_P 为精密电位器阻值。

电容 C_1 可以进一步消除纹波，电容 C_1 和 C_o 还可起到相位补偿的作用，以防止自激振荡。电容 C_2 与 R_P 并联组成滤波电路，电位器 R_P 两端的纹波电压通过电容 C_2 旁路掉，以减小输出电压中的纹波。二极管 VD5 的作用是防止输出端与地短路时，因电容 C_2 上的电压过大而损坏稳压器。图 7-9 中，$C_1 = 0.1\mu F$，$C_2 = 10\mu F$，$R_1 = 120\Omega$，$R_P = 2k\Omega$，VD5 用 IN4001。

2. 选择变压器

由于 LM317 的最大输入—输出电压差为 40V，最小输入—输出电压差为 3V，根据输出电压范围，设计电路时可选择 $U_i = 15V$。

因此变压器二次电压 U_2 的取值应为

$$U_2 = U_i/1.1 = 15/1.1 = 14(V) \tag{7-2}$$

取 $U_2 = 15V$。

变压器的二次电流 $I_2 > I_{omax} = 0.8A$，取 $I_2 = 1A$，因此，变压器二次侧的输出功率为

$$P_2 \geqslant I_2U_2 = 15(W) \tag{7-3}$$

由于变压器的效率 $\eta = 0.7$，所以变压器一次侧的输出功率为

$$P_1 \geqslant P_2/\eta = 21.4(W) \tag{7-4}$$

为留有余量，选用功率为 25W 的变压器。

3. 选择整流二极管和滤波电容

由于 $U_{RM} > \sqrt{2}U_2 = \sqrt{2} \times 15 = 22(V)$，$I_{omax} = 0.8A$，而 IN4001 的反向击穿电压 $U_{RM} \geqslant 50V$，额定工作电流 $I_N = 1A > I_{omax}$，故整流二极管可以选用 IN4001。

滤波电容 C 承受的最大电压 $U_C = 1.1 \times U_2 = 1.1 \times 15 = 16.5(V)$，故选择耐压为 25V、容量为 $4700\mu F$ 的电解电容。

4. 稳压电路图（见图 7-10）

7.2.6　电路的安装、测试

1. 电路的安装

安装时要注意，二极管和电解电容的极性不能接反。经检查无误后，才能将电源变压器

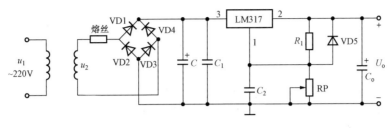

图 7-10 稳压电路图

与整流滤波电路连接。通电后，用示波器或万用表检查整流后的输出电压，确认整流滤波电路工作正常后再接入稳压电路，否则，会损坏集成稳压器。

2. 电路的测试

测试稳压电路的输出电压调节范围、稳压系数和输出电阻。

7.3 设 计 题 目 选 编

7.3.1 多路防盗报警器

1. 设计任务与要求

设计制作一台防盗报警器，适用于仓库、住宅、机关办公楼等地的防盗报警。具体要求如下：

（1）防盗数可根据需要任意扩展。

（2）值班室可监视多处安全情况，一旦出现偷盗，用指示灯显示报警地点，并发出音响。

（3）设置不间断电源，当电网停电时，备用直流电源自动转换供电。

2. 参考框图（见图 7-11）

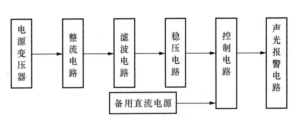

图 7-11 多路防盗报警电路框图

7.3.2 篮球竞赛 30s 计时器

1. 任务与要求

用中小规模集成芯片设计并制作篮球竞赛 30s 计时器，具体要求如下：

（1）具有显示 30s 计时功能。

（2）设置外部操作开关，控制计数器的直接清零、启动和停止功能。

（3）在直接清零时，要求数码显示器灭灯。

（4）计时器为 30s 递减计时，计时间隔为 1s。

（5）计时器递减计时到零时，数码显示器不能灭灯，同时发出光电报警信号。

（6）暂停和连续计数功能。

2. 原理框图（见图 7-12）

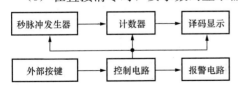

图 7-12 篮球竞赛 30s 计时器原理框图

参 考 文 献

[1] 付植桐. 电子技术［M］. 北京：高等教育出版社，2002.

[2] 戴士弘. 模拟电子技术实验与习题［M］. 北京：电子工业出版社，1998.

[3] 王振红，张常年. 电子技术基础实验及综合设计［M］. 北京：北京机械工业，2007.

[4] 周美珍，陈昌彦. 电子技术基础实验与实习［M］. 北京：中国水利水电出版社，2001.

[5] 崔瑞雪，张增良. 电子技术动手实践［M］. 北京：北京航空航天大学出版社，2007.

[6] 陈先荣. 电子技术实验基础［M］. 北京：国防工业出版社，2004.

[7] 江思敏，姚鹏翼，胡荣. Protel 电路设计教程［M］. 北京：清华大学出版社，2003.

[8] 朱力恒. 电子技术仿真实验教程［M］. 北京：电子工业出版社，2003.